工业和信息化职业教育"十二五"精品教材

电力系统继电保护

主　编　王全亮　张　剑

副主编　任万英　张瑞洁　于亚婷

主　审　张长富

电子工业出版社

Publishing House of Electronics Industry

北京·BEIJING

内 容 简 介

本书根据职业教育的教育特点，结合职业教育学生的知识层次、学习能力和应用能力的实际情况，以就业为导向，以职业岗位能力为目标，以必需、够用为尺度，加强理论与实际的联系，精选教学内容，力求新颖、叙述简练、灵活应用、学用结合。《电力系统继电保护》分为 10 章，内容包括：绪论、电网的电流保护和方向性电流保护、电网的距离保护、输电线纵联保护、自动重合闸、电力变压器的继电保护、发电机的继电保护、母线保护、微机保护概述、典型实验实训项目。每章都配有小结，为教师的课堂教学和学生的自主学习提供了方便。

本书具有简明扼要、说理清楚、通俗易懂、紧密联系实际的特点，适用于职业院校电力系统继电保护与自动化、电气自动化、计算机控制技术、自动化仪表、数控技术和机电一体化等电力、电子、机电类各专业及相关专业"电工"课程的教材，也可作为各类成人高等专科院校电类专业教材，并可供有关电气工程技术人员参考及作为相关领域工程技术人员的自学和培训用书。

未经许可，不得以任何方式复制或抄袭本书之部分或全部内容。

版权所有，侵权必究。

图书在版编目（CIP）数据

电力系统继电保护 / 王全亮，张剑主编. —北京：电子工业出版社，2017.2

ISBN 978-7-121-30637-2

Ⅰ. ①电… Ⅱ. ①王… ②张… Ⅲ. ①电力系统—继电保护—高等职业教育—教材 Ⅳ. ①TM77

中国版本图书馆 CIP 数据核字（2016）第 305970 号

策划编辑：白　楠
责任编辑：郝黎明
印　　刷：北京七彩京通数码快印有限公司
装　　订：北京七彩京通数码快印有限公司
出版发行：电子工业出版社
　　　　　北京市海淀区万寿路 173 信箱　　邮编　100036
开　　本：787×1 092　1/16　印张：10.25　字数：262.4 千字
版　　次：2017 年 2 月第 1 版
印　　次：2021 年 11 月第 10 次印刷
定　　价：29.00 元

凡所购买电子工业出版社图书有缺损问题，请向购买书店调换。若书店售缺，请与本社发行部联系，联系及邮购电话：（010）88254888，88258888。

质量投诉请发邮件至 zlts@phei.com.cn，盗版侵权举报请发邮件至 dbqq@phei.com.cn。

本书咨询联系方式：（010）88254592，bain@phei.com.cn。

前　　言

随着职业教育的改革与深入发展，根据新形势下高职院校教学的实际情况，以'必须、够用、实用、好用'为原则，贯彻"以服务为宗旨、以就业为导向、以能力为本位"的指导思想，结合高职高专教学改革的目的和要求，针对高职高专生源的特点，在深入开展专业课程改革的过程中，经过不断总结和探索，编写了《电力系统继电保护》。本书编写中注重职业技能培养，内容新颖，实践性和应用性强，既有理论分析又有实操实训，有利于培养和训练学生分析问题和解决问题的能力，且便于自学。建议授课时数为 75 学时。授课内容可根据不同专业要求和教学进行取舍。

本书在编写过程中，充分考虑到了现代电力系统科学技术的发展和新知识应用，深入浅出地讲述了电力系统继电保护每个环节的内容，在内容叙述上深入浅出，将知识点和应用能力有机结合，注重培养学生的工程应用和解决现场实际问题的能力。本书以发、变、输、配、用电设备为主线，贯穿保护的配置、整定、校验、评价等知识体系及基本操作技能。学生学完本课程后，能胜任电力系统设备保护的安装、调试，运行维护等岗位的工作，并具有初步设计能力。本书在每章后都附有小结，以帮助学生进一步巩固基础知识，《电力系统继电保护》图文并茂，内容选取具有较强的针对性和实用性，便于读者学习和自学。

本书由王全亮、张剑担任主编，任万英、张瑞洁、于亚婷担任副主编。全书由郑州电力职业技术学院王全亮统稿，由郑州电力职业技术学院张长富教授主审。本书在编写的过程中，查阅和参考了众多文献、教材和相关技术资料，得到了许多教益和启发，同时得到了学校领导的高度重视和电力工程系任课教师的大力支持，在此一并表示衷心的感谢！

由于时间紧迫以及编者水平有限，书中难免有错误和疏漏之处，恳请广大读者批评指正，以便以后修改提高。

编　者
2016 年 11 月

目　　录

第一章
绪 论

第一节 电力系统继电保护的作用

由生产和输送电能的设备所组成的系统叫做电力系统，包括发电机、变压器、母线、输电线路、配电线路等，或者简单说由发、变、输、配、用所组成的系统叫做电力系统。有的情况下把一次设备和二次设备统一叫做电力系统。

一次设备：直接生产电能和输送电能的设备，如发电机、变压器、母线、输电线路、断路器、电抗器、电流互感器、电压互感器、电动机及其他用电设备等。

二次设备：对一次设备的运行进行监视、测量、控制、信息处理及保护的设备，如仪表、继电器、自动装置、控制设备、通信及控制电缆等。

一、电力系统的三种工况

根据不同的运行条件，可以将电力系统的运行状态分为正常状态、不正常状态和故障状态。而继电保护主要是在故障状态和不正常状态起作用。

不正常运行状态：过负荷；系统中出现有功功率缺额而引起的额定频率减低；发电机突然甩负荷引起的发电机频率升高；中性点不接地系统和非有效接地系统中的单相接地引起的非接地相对地电压升高；系统振荡。

故障状态：各种形式的短路；断线故障或者几种故障同时发生的复合故障。

发生故障时可能产生的后果：

（1）通过故障点的很大的短路电流和所燃起的电弧，使故障元件损坏。

（2）短路电流通过系统中非故障元件时，由于发热和电动力作用引起它们的损坏或缩短使用寿命。

（3）部分电力系统的电压大幅度下降，使大量电力用户的正常工作和生活遭到破坏或产生废品。

（4）破坏电力系统中各发电厂之间并列运行的稳定性，引起系统振荡，甚至使整个系统瓦解。

由于电力系统故障的后果十分严重，它可能直接造成设备损坏，人身伤亡和破坏电力系统安全稳定运行，从而直接或间接地给国民经济带来难以估计的巨大损失，因此电力系统最为关注的是：安全可靠、稳定运行。

二、继电保护装置及其任务

继电保护装置就是指能反应电力系统中电气元件发生故障或不正常运行状态，并动作于断路器跳闸或发出信号的一种自动装置。

继电保护装置基本任务：

（1）发生故障时，自动、迅速、有选择地将故障元件从电力系统中切除，使故障元件免于继续遭受破坏，保证非故障部分迅速恢复正常运行。

（2）对不正常运行状态，根据运行维护条件，而动作于发出信号、减负荷或跳闸，且能与自动重合闸相配合。

继电保护装置的基本任务简单说是：故障时跳闸，不正常运行时发信号。

第二节 继电保护的基本原理和保护装置的组成

一、继电保护的基本原理

完成继电保护所担负的任务，显然应该要求它正确地区分系统正常运行与发生故障或不正常运行状态之间的差别，以实现保护。如图 1-1 所示为单侧电源网络接线图，（这是一种最简单的系统），图 1-1（a）为正常运行情况，每条线路上都流过由它供电的负荷电流 $\dot{I}_f$（一般比较小），各变电所母线上的电压，一般都在额定电压（二次线电压 100V）附近变化，由电压和电流之比所代表的"测量阻抗" Z_f 称为负荷阻抗，其值一般很大。图 1-1（b）表示当系统发生故障时的情况，如在线路 B-C 上发生了三相短路，则短路点的电压 U_d 降低到零，从电源到短路点之间将流过很大的短路电流 $\dot{I}_d$，各变电所母线上的电压也将在不同程度上有很大的降低（称为残压）。设以 Z_d 表示短路点到变电所 B 母线之间的阻抗，根据欧姆定律很显然 Z_d 要远小于 Z_f，即短路阻抗要远小于负荷阻抗。

在一般情况下，发生短路之后，总是伴随有电流的增大、电压的降低、线路始端测量阻抗的减少，以及电压与电流之间相位角的变化。因此，利用正常运行与故障时这些基本参数的区别，就可以构成各种不同原理的保护。

一般继电保护可以分为两类：

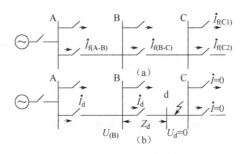

图 1-1　单侧电源网络接线

第一类：利用比较正常运行与故障时电气参量（U、I、Z、f）的区别，便可以构成各种不同原理的继电保护。例如，反应于电流增大而动作的过电流保护，反应于电压降低而动作的低电压保护，反应于阻抗降低而动作的距离保护，反应于频率降低而动作的低（或欠）频保护等。

第二类：首先规定两个前提：①规定电流的正方向是从母线指向线路；②一定是双端电源。例如图 1-2 所示的双端电源网络接线。分析图 1-2（a）、（b）中 BC 段的电流变化。

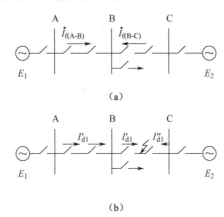

图 1-2　双侧电源网络接线

观察线路靠近 B 母线侧电流的情况，我们发现正常运行的负荷电流和故障时的短路电流的相位发生了 180°的变化。因此利用比较正常运行（包括外部故障）与内部故障时，两侧电流相位或功率方向的差别，就可以构成各种差动原理的保护。例如，纵联差动保护、相差高频保护、方向高频保护等。差动原理的保护只反应内部故障，不反应外部故障，因而被认为具有绝对的选择性。

总之，继电保护原理的构成，可概括为以下四类。

1．利用基本电气参数的区别（图 1-3）

（1）过电流保护。

（2）低电压保护。

（3）距离保护。

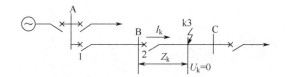

图 1-3　单侧电源网络保护原理

2. 利用内部故障和外部故障时被保护元件两侧电流相位（或功率方向）的差别（图1-4）

规定电流的正方向：从母线流向线路。

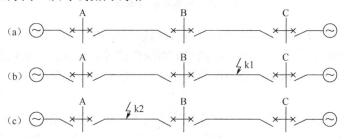

（a）正常运行情况；（b）线路 AB 外部短路情况；（c）线路 AB 内部短路情况

图 1-4　双侧电源网络保护原理

3. 序分量是否出现

电气元件在正常运行（或发生对称短路）时，负序分量和零序分量为零；在发生不对称短路时，一般负序和零序都较大。

根据这些分量的是否存在可以构成零序保护和负序保护。此种保护装置都具有良好的选择性和灵敏性。

4. 反应非电气量的保护

反应于变压器油箱内部故障时发生气体而构成瓦斯保护；反应于电动机绕组的温度升高而构成过负荷保护等。

二、继电保护装置的组成

继电保护装置的组成如图1-5所示。

图 1-5　继电保护装置的组成

测量部分：测量被保护元件工作状态的物理量（如电流、电压等），并和已给的整定值进行比较，从而判断保护是否应该启动，给出比较结果的逻辑值。

逻辑部分：根据测量部分各输出量的大小、性质、出现的顺序、持续时间等，使保护装置按一定的逻辑程序工作，判断故障的类型和范围，最后确定保护的控制措施（跳闸、报警或不动作），并传到执行部分。

执行部分：根据逻辑部分送的信号，最后完成保护装置所担负的任务。如发出信号、跳闸或不动作等。

第三节 对继电保护的基本要求

动作于跳闸的继电保护，在技术上一般应满足四个基本要求，即选择性、速动性、灵敏性和可靠性。

1. 选择性

继电保护动作的选择性是指保护装置动作时，仅将故障元件从电力系统中切除，使停电范围尽量缩小，以保证系统中的无故障部分仍能继续安全运行。如图 1-6 所示单侧电源网络中，当 d_1 点短路时，应由距短路点最近的保护 1 和 2 动作跳闸，将故障线路切除，变电所 B 则仍可由另一条无故障的线路 3-4 继续供电。

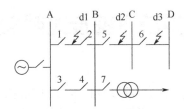

图 1-6 单侧电源网络中，有选择性动作的说明

原则：就近原则，即系统短路时，应由距离故障点最近的保护切除相应的断路器。

主保护：能在全线范围速动的保护。

后备保护：作为主保护的后备，不能在全线范围速动，要带一定的延时，又分为远后备和近后备。

2. 速动性

所谓速动性，就是发生故障时，保护装置能迅速动作切除故障。短路时快速切除故障，可以缩小故障范围，减轻短路引起的破坏程度，减小对用户工作的影响，提高电力系统的稳定性。因此，在发生故障时，应力求保护装置能迅速动作切除故障。故障切除的总时间等于保护装置和断路器动作时间之和。一般的快速保护的动作时间为 0.06s～0.12s，最快的可达 0.01s～0.04s，一般的断路器的动作时间为 0.06s～0.15s，最快的可达 0.02s～0.06s。对不同的电压等级要求不一样，对 110kV 及以上的系统，保护装置和断路器总的切故障时间为 0.1s，因此保护动作时间只有几十个毫秒（一般 30ms 左右），而对于 35kV 及以下的系统，保护动作时间可以为 0.5s。

3. 灵敏性

继电保护的灵敏性，是指对于其保护范围内发生故障或不正常运行状态的反应能力。满足灵敏性要求的保护装置应该是在事先规定的保护范围内部故障时，不论短路点的位置、短路的类型如何，以及短路点是否存在过渡电阻，都能敏锐感觉，正确反应。保护装置的灵敏性，通常用灵敏系数来衡量，灵敏系数越大，则保护的灵敏度就越高，反之就越低。有的保护是用保护范围来衡量的。

4. 可靠性

保护装置的可靠性是指在该保护装置规定的保护范围内发生了它应该动作的故障时，它不应该拒绝动作，而在任何其他应该保护不应该动作的情况下，则不应该误动作。简单说就是：该动的时候动，不该动的时候不动。该动的时候不动是属于拒动，不该动的时候动了是属于误动。不管是拒动还是误动，都是不可靠。

以上四个基本要求不仅要牢牢记住，而且要理解它们的内涵，其中可靠性是最重要的，选择性是关键，灵敏性必须足够，速动性则应达到必要的程度。我们所有的继电保护装置都是围绕这四个要求做文章。当然，不同的保护，对这些要求的侧重点是不一样的，有的侧重于选择性，有的侧重于速动性，有时候为了保证主要的属性可能会牺牲一些其他的属性。这些在以后讲到具体的保护时会提到。

第四节 继电保护技术的发展简史

继电保护技术是随着电力系统的发展以及技术水平的进步而发展起来的，最早的熔断器就是最简单的过电流保护，以后经历了机电型、整流型、晶体管型、集成电路型、微机型五个阶段，而现在微机型的继电保护又进入了第三代和第四代。

首先出现了反应电流超过一预定值的过电流保护。熔断器就是最早的、最简单的过电流保护。

电力系统的发展，熔断器已不能满足选择性和快速性的要求，于是出现了作用于专门的断流装置（断路器）的过电流继电器。

1890 年出现了装于断路器上直接反应一次短路电流的电磁型过电流继电器。20 世纪初随着电力系统的发展，继电器才开始广泛应用于电力系统的保护。这个时期可认为是继电保护技术发展的开端。

1908 年提出了比较被保护元件两端电流的电流差动保护原理。

1910 年方向性电流保护开始得到应用，在此时期也出现了将电流与电压相比较的保护原理。

在 1927 年前后，出现了利用高压输电线上高频载波电流传送和比较输电线两端功率方向或电流相位的高频保护装置。

在 20 世纪 50 年代，微波中继通讯开始应用于电力系统，从而出现了利用微波传送和比较输电线两端故障电气量的微波保护。在 1975 年前后诞生了行波保护装置。

继电保护的结构型式的发展：

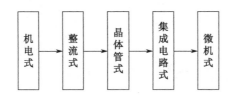

本章总结

本章尽管没有讲具体的保护，但是对本书的主要内容作了简要的概述，是非常重要的，应掌握以下几个重点：

1．要能正确描述什么是电力系统、一次设备、二次设备。

2．电力系统故障有哪些严重后果？

3．电力系统有哪三种工况？继电保护在哪些工况下起作用？起什么样的作用？

4．继电保护可以分为几大类？它们是按什么原则划分的？

5．对电力系统继电保护有哪些基本要求？不仅要牢记四个基本要求，更重要的是要理解其中的内涵以及它们之间的关系。

6．什么是主保护？什么是后备保护？远后备和近后备有何区别？

第二章
电网的电流保护和方向性电流保护

单侧电源网络相间短路的电流保护

一、电流继电器

1. 定义

继电器是组成继电保护装置的基本元件。电流继电器是实现电流保护的基本元件，在电流保护中用作测量和启动元件，它是反应电流超过某一整定值而动作的继电器。电磁型继电器的继电特性是通过力矩相互作用实现的。

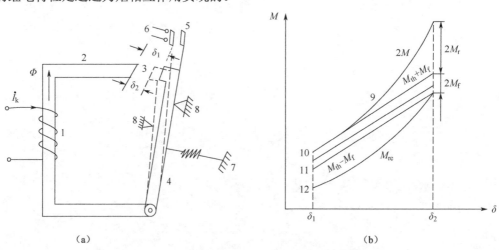

（a）　　　　　　　　　　　　　　　　（b）

图 2-1　电磁型电流继电器的原理结构和转矩曲线

2．四个基本概念

（1）启动电流。能使电流继电器动作的最小电流值，称为继电器的启动电流。这里要特别关注最小两个字，因为电流继电器是反应电流增加而动作的，是增量动作的继电器。如果是低电压继电器，是欠量动作的继电器，应该是能使电压继电器动作的最大电压值，称为启动电压。

（2）返回电流。能使继电器返回原位的最大电流称为继电器的返回电流。由于摩擦力矩的存在，使得返回电流与动作电流不等。这里要特别关注最大两个字，理由同前。如果是低电压继电器的返回电压，应该是继电器返回原位的最小电压值，称为返回电压。

（3）返回系数。返回电流与启动电流的比值称为继电器的返回系数，可表示为 k_{re}：

$$k_{re} = \frac{I_{re}}{I_{act}}$$

增量动作的继电器其返回系数小于1，欠量动作的继电器其返回系数大于1。

（4）继电特性。无论启动和返回，继电器的动作都是明确干脆的，它不可能停留在某一个中间位置，这种特性我们称之为"继电特性"，如图2-2所示。

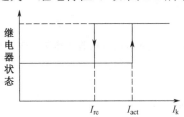

图2-2 过电流继电器的继电特性

以上这四个基本概念不仅适合于电流继电器和电压继电器，而对所有的继电器或保护装置都是适用的，但首先要搞清楚是增量动作的还是欠量动作的。如果是增量动作的，就按照电流继电器的原则去套，如果是欠量动作的，就按照低电压继电器的原则去套。

二、电流互感器

将一次系统的大电流准确地变换为适合二次系统使用的小电流（额定值为1A或5A），以便继电保护装置或仪表用于测量电流。并将一次、二次设备安全隔离，使高、低压回路不存在电的联系。电流互感器在电路图中的文字符号为TA。电流互感器由铁芯及绕组组成，原方绕组和副方绕组通过一个共同的铁芯进行互感耦合。电流互感器的等值回路及相量图如图2-3所示。

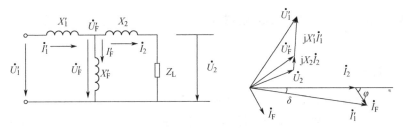

图2-3 电流互感器的等值回路及相量图

三、电压互感器

将一次系统的高电压准确地变换为适合二次系统使用的低电压（额定值为 100V 或 100/V）。并将一次、二次设备安全隔离，以保障二次设备和工作人员的安全。电压互感器在电路图中的文字符号为 TV。

1. 电磁式电压互感器

电磁式电压互感器的等值电路与相量图如图 2-4 所示。

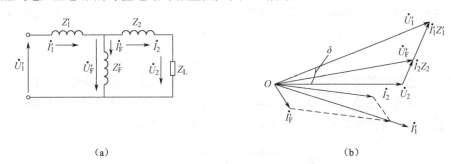

|(a)| |(b)|

图 2-4　电磁式电压互感器的等值电路与相量图

2. 电容式电压互感器

电容式电压互感器原理图如图 2-5 所示。

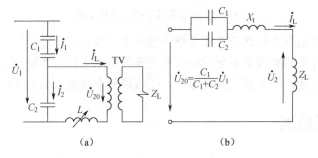

|(a)| |(b)|

图 2-5　电容式电压互感器原理图

四、电流速断保护

1. 定义

反应于电流增大而瞬时动作的电流保护，称为电流速断保护。顾名思义电流速断保护应该侧重于速动性。

2. 动作特性分析

以图 2-6 来分析电流速断保护的动作特性。

假定在每条线路上均装有电流速断保护，则当线路 AB 上发生故障时，希望保护 2 能瞬时动作，而当 BC 上发生故障时，希望保护 1 能瞬时动作，它们的保护范围最好能达到本线路全长的 100%。但是这种愿望是否能实现，需要作具体分析。以保护 2 为例，当本线路末端 d1 点短路时，希望速断保护 2 能够瞬时动作切除故障，而当相邻线路 BC 的始端（习惯上又称为出口处）d2 点短路时，按照选择性的要求，速断保护 2 就不应该动作，因为该处的故障应由保护 1 动作切除。但是实际上，d1 和 d2 点短路时，保护 2 所流过短路电流的数值几乎是一样的，很难区分开来（特别对于长线路）。因此，希望 d1 点短路时速断保护 2 能动作，而 d2 短路时又不动作的要求就不可能同时得到满足。

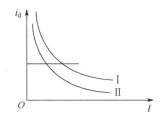

图 2-6　电流速断动作特性分析

3．整定原则

为了解决这个矛盾可以有两种办法，通常都是优先保证动作的选择性，即从保护装置启动参数的整定上保证下一条线路出口处短路时不启动，即整定原则是：按躲开下一条线路出口处短路的条件整定，或者简单说躲相邻线路出口短路的最大短路电流。所谓躲就是电流速断保护的整定电流要大于相邻线路出口短路的最大短路电流（因为电流速断是增量动作的）。另一种办法就是在个别情况下，当快速切除故障是首要条件时，就采用无选择性的速断保护，而以自动重合闸来纠正这种无选择性的动作。现在大多数是采用第一种方法。

4．最大运行方式和最小运行方式

对每套保护装置来讲，通过该保护装置的短路电流为最大的方式，称为最大运行方式。通过该保护装置的短路电流为最小的方式，称为最小运行方式。

在最大运行方式下，保护安装处附近发生三相短路时流过保护装置的短路电流最大。在最小运行方式下，保护范围末端发生两相短路时流过保护装置的短路电流最小。

在图 2-7 所示的电流速断保护动作特性分析中，可以看到有两条曲线 1 和 2，它们分别为最大运行方式和最小运行方式下短路电流随输电线路的分布曲线，还有一条平行于横轴的直线 $i'_{dz.2}$，它为保护 2 的电流速断的定值，很显然它分别与 1 和 2 有两个交点，这两个交点在横轴上所对应的 l 即为两种运行方式下的保护范围，可以看出无论在最大运行方式还是最小运行方式都不能保护线路的全长，而且在不同的运行方式下，其保护范围是不一样的，最大运行方式下的保护范围大，最小运行方式下的保护范围小，这就有可能出现按最大运行方式的整定电流在最小运行方式下的保护范围不满足要求（电流速断的灵敏度是用保护范围来衡量的），当最大运行方式和最小运行方式相差很大时，在最小运行方式下有可能没有保护范围。此外，当保护线路长短不一样时，对于短线路的保护范围可能很小或者不满足要求。

无时限电流速断保护依靠动作电流来保证其选择性，如图 2-7 所示，即被保护线路外部短路时流过该保护的电流总小于其动作电流，不能动作；而只有在内部短路时流过保护的电流才有可能大于其动作电流，使保护动作。故无时限电流速断保护不必外加延时元件即可保证保护的选择性。

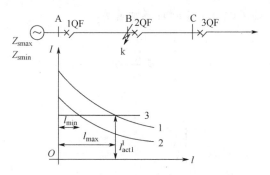

图 2-7　无时限电流速断保护整定计算示意图

5. 灵敏度

无时限电流速断保护的灵敏度是通过保护范围的大小来衡量的，即它所保护的线路长度的百分数来表示。保护在不同运行方式下和不同短路类型时，保护的灵敏度即保护范围各不相同。应采用最不利情况下保护的保护范围来校验保护的灵敏度，一般要求保护范围不小于线路全长的 15%。

总之，当系统运行方式变化很大，或者保护线路的长度很短时，电流速断保护的灵敏度就会不满足要求甚至没有保护范围，此保护不宜使用，此时可采用无时限电流电压联锁速断保护。电流电压联锁速断保护是采用电流、电压元件相互闭锁实现的保护，只要有一个元件不动作，保护即被闭锁。

6. 结论

电流速断保护尽管简单、经济、可靠而且快速，但是它不能保护线路的全长，因此它不能作主保护，而且受系统运行方式和接线方式的影响很大，但综合评价，还是很好的一种保护，因此应用很普遍。

五、限时电流速断保护

1. 定义

由于有选择性的电流速断不能保护本线路的全长，因此可以考虑增加一段新的保护，用来切除本线路上速断范围以外的故障，同时也能作为速断保护的后备，这就是限时电流速断保护。

2. 整定原则

与相邻线路的电流速断保护相配合。具体来说，保护范围除了保护本线路全长以外，还要保护相邻线路的一部分，但是不能超过相邻线路电流速断的保护范围，动作时间比相邻线路的电流速断高0.5s。

（1）保护配合：保护配合含两个方面的涵义，一个是灵敏度或（定值）的配合，另一个是时间的配合。限时电流速断是保护配合最典型的例子，既有定值的配合，又有时间的配合。

（2）线路上装设了电流速断和限时电流速断保护以后，它们的联合工作可以保证全线范围内的故障都能在0.5s的时间内予以切除，在一般情况下都能满足速动性的要求，因此可以做主保护。当然这种主保护只能在35kV及以下要求不是很高的系统。

3．限时电流速断保护的灵敏性校验

为了能够保护本线路全长，限时电流速断保护必须在系统最小运行方式下，线路末端发生两相短路时，具有足够的反应能力，这个能力通常用灵敏系数 K_{lm} 来衡量，对反应增量动作的保护装置，灵敏系数的含义是：

$$K_{lm} = \frac{保护范围内发生金属性短路时故障参数的计算值}{保护装置的动作参数}$$

式中故障参数（如电流、电压等）的计算值，应根据实际情况合理地采用最不利于保护动作的系统运行方式和故障类型来选定，保护装置的动作参数，是电流整定值或电压整定值。为了保证在线路末端短路时，保护装置一定能够动作，限时电流速断保护的灵敏系数 K_{lm} 要求为1.3～1.5。

当带时限电流速断保护灵敏度不满足要求时，动作电流可采用和相邻线路电流保护第Ⅱ段整定值配合的方法确定，以降低本线路电流保护第Ⅱ段的整定值，提高其灵敏度。

六、定时限过电流保护

定时限过电流保护的作用是做本线路主保护的近后备，并做相邻下一线路或元件的远后备，因此它的保护范围要求超过相邻线路或元件的末端。

（1）整定原则：启动电流按照躲开最大负荷电流来整定。动作时间比限时电流速断再高0.5s。

由于定时限过电流保护的动作值只考虑在最大负荷电流情况下保护不动作和保护能可靠返回的情况，而无时限电流速断保护和带时限电流速断保护的动作电流则必须躲过某一个短路电流，因此，电流保护第Ⅲ段的动作电流通常比电流保护第Ⅰ段和第Ⅱ段的动作电流小得多，其灵敏度比电流保护第Ⅰ、Ⅱ段更高。

（2）动作时限特性：当网络中某处发生短路时，从故障点至电源之间所有线路上的电流保护第Ⅲ段的电测量元件均可能动作。为了保证选择性，各线路第Ⅲ段电流保护均需增加延时元件，且各线路第Ⅲ段保护的延时必须互相配合。两相邻线路电流保护第Ⅲ段动作时间之间相差一个时间阶段的整定方式称为按阶梯原则整定。很显然这个时间特性曲线并不理想，因为越靠近电源侧的动作时间越长。

（3）当定时限过电流保护灵敏度不满足要求时，可采用低电压启动的过电流保护。所谓低电压启动的过电流保护是指在定时限过电流保护中同时采用电流测量元件和低于动作电压动作的低电压测量元件来判断线路是否发生短路故障的保护。

七、阶段式电流保护的应用及对它的评价

电流速断、限时电流速断和过电流保护都是反应于电流升高而动作的保护装置。它们之间的区别主要在于按照不同的整定原则来选择启动电流。即电流速断是按照躲开相邻线路出口处的最大短路电流来整定，限时电流速断是按照躲开前方各相邻元件电流速断保护的动作电流整定（或者说与相邻线路的电流速断保护相配合），而过电流保护则是按照躲开最大负荷电流来整定。这三种电流保护，速断和限时电流速断是复杂保护（因为要计算短路电流），而过电流保护是简单保护（因为只要看负荷电流），速断的定值最大，过电流的定值最小。

八、保护的配置

（1）总的原则：能用简单的绝对不用复杂的（适用于所有的保护配置）。
（2）具体的配置原则：用如图 2-8 所示 35kV 系统的情况来加以说明。

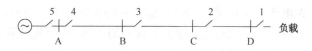

图 2-8　阶段式电流保护的配置

（3）从负载端开始，例如，对于保护 1，我们首先考虑采用过电流保护，因为在用户端发生短路故障时，从电源流过来的短路电流已经很小，几乎和负荷电流差不多，用过电流保护应该是可以的；对于保护 2，首选还是过电流保护，只有当过电流保护不满足要求时，再考虑加一级电流速断或者限时电流速断；对于保护 3 也是一样；但是对于靠近电源侧的保护 4，速断、限时电流速断、过电流三种保护都要配置，这个道理应该很简单，因为靠近电源侧的短路电流大，因此希望可靠切除故障。

九、电流保护的接线方式

电流保护的接线方式，是指保护中电流继电器与电流互感器二次线圈之间的连接方式。对相间短路的电流保护，目前广泛使用的是三相完全星形接线和两相不完全星形接线两种方式。完全星形接线方式，一般用于大接地电流系统。不完全星形接线方式，一般用于小接地电流系统。三相星形接线是将三个电流互感器与三个电流继电器分别按相连接在一起，互感器和继电器均接成星形，在中线上流回的电流为 $\dot{i}_a+\dot{i}_b+\dot{i}_c$，正常时此电流约为零，在发生接地短路时则为三倍零序电流 $3\dot{i}_0$。两相星形接线是用装设在 A、C 相上的两个电流互感器与两个电流继电器分别按相连接在一起，B 相既不接电流互感器也不接电流继电器，它不能反应 B 相中所流过的电流，中线上流过的电流是 $\dot{i}_a+\dot{i}_c$。

两种接线方式均能反映所有的相间短路，两种接线方式的区别主要有：
（1）两种接线的投资不同；
（2）在大接地电流系统中，完全星形接线能反映所有单相接地故障，不完全星形接线不能反映 B 相接地故障；

（3）在小接地电流系统中，在不同线路的不同相上发生两点接地时，不完全星形接线只有三分之一的机会切除两条线，而完全星形接线则均切除两条线，因此，不完全星形接线的供电可靠性高；在串联运行的两相邻线路上发生两点接地时，不完全星形接线方式的电流保护有三分之一的机会无选择性动作，而完全星形接线则百分之百有选择性动作。

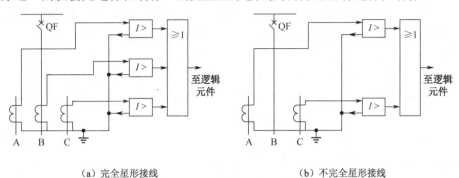

（a）完全星形接线　　　　　　　　　　（b）不完全星形接线

图 2-9　电流保护的接线方式

（4）对于绕组为星形—三角形联结的变压器后发生两相短路时，完全星形接线方式电流保护的灵敏度是不完全星形接线电流保护的灵敏度的二倍。

第二节　电网相间短路的方向性电流保护

一、问题的提出

在第一节中我们讨论了单侧电源网络电流保护的配置情况，而实际上电力系统是由多个电源组成的，在多电源系统中（双侧电源系统是多电源系统中最简单的，因此我们只考虑双侧电源系统），如果我们还是配电流保护的话，按照单侧电源网络的原则来配置，有没有问题？

为了回答这个问题，我们用图 2-10 的双侧电源网络接线来进行分析。

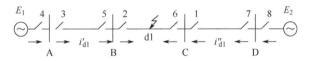

图 2-10　双侧电源网络接线及保护动作方向的规定

二、几个前提

（1）我们规定电流的正方向（包括功率的正方向）是由母线流向线路，以后如果没有特别的说明，都按这个规定。

（2）在系统中任何地方发生短路故障，凡是有电源的地方，都要向故障点提供短路电流。

（3）在图 2-10 所示的双侧电源接线中，由于两侧都有电源，因此，在每条线路的两侧均需装设断路器和保护装置。假设断路器 8 断开，电源 E_2 不存在，则发生短路时保护 1、2、3、4 的动作情况和由电源 E_1 单独供电时一样，它们之间的选择性是能够保证的。如果断路器 4 断开，电源 E_1 不存在，则保护 5、6、7、8 由电源 E_2 单独供电，此时它们之间也同样能够保证动作的选择性。如果两个电源同时存在，如图 2-10 所示，当在 BC 段的 d1 点短路时，按照选择性的要求，应该由距故障点最近的保护 2 和 6 动作切除故障，而其他的保护则不要动作切除其他的断路器。下面我们进行分析，以离故障较近的保护 1 为例，显然，由电源 E_2 提供的短路电流 i''_{d1} 也将通过保护 1，如果保护 1 采用电流速断且 i''_{d1} 大于保护装置的启动电流 $i'_{dz.1}$，则保护 1 的电流速断就要误动作；如果保护 1 采用过电流保护且动作时限 $t_1 \leqslant t_6$，则保护 1 的过电流保护也将误动。同样的道理，对于保护 5 也会由电源 E_1 提供的短路电流 i'_{d1} 而误动。如果在 AB 段或 CD 段发生短路，也会有类似的结果。

分析双侧电源供电情况下所出现的这一新矛盾，可以发现有下面三个特点或规律：一是误动的保护都是在自己所保护的线路反方向发生故障；二是误动的保护都是由对侧电源供给的短路电流所引起的；三是对误动的保护而言，实际短路功率的方向照例都是由线路流向母线，显然与其应保护的线路故障时的短路功率方向相反。因此为了消除这种无选择的动作，就需要在可能误动作的保护上增设一个功率方向闭锁元件，该元件只有当短路功率方向由母线流向线路时动作，而当短路功率方向由线路流向母线时不动作，从而使继电保护的动作具有一定的方向性。这样由电流元件和功率方向元件所组成的保护称为方向电流保护。

三、方向性电流保护的工作原理

为了消除双侧电源网络中保护无选择性的动作，就需要在可能误动作的保护上加设一个功率方向元件。该元件当短路功率由母线流向线路时动作；当短路功率由线路流向母线时不动作。双测电源网络相间短路方向保护就是在单侧电源网络相间短路保护的基础上增加了方向判别元件，以保证其选择性的保护。双测电源网络方向保护有功率方向和阻抗方向两种。

当双测电源网络上的保护装设方向元件后，就可以把他们拆开成两个单侧电源网络看待，两组方向保护之间不要求配合关系，其整定计算仍可按单侧电源网络保护原则进行。

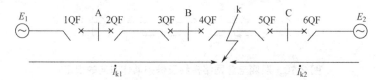

图 2-11 双侧电源网络短路电流分布

很显然功率方向元件是方向电流保护中的另一个关键元件，下面我们来研究功率方向继电器。

四、功率方向继电器的工作原理

在如图 2-12（a）所示的网络接线中，对保护 1 而言，当正方向 d1 点三相短路时，如果

短路电流 $\dot{I}_{d1}$ 的给定正方向是从母线流向线路，则它滞后于该母线电压 $\dot{U}$ 一个相角 Φ_{d1}（Φ_{d1} 为从母线至 d1 点之间的线路阻抗角，输电线路是一种感性负载），其值为 $0° < \Phi_{d1} < 90°$，如图 2-12（b）所示。

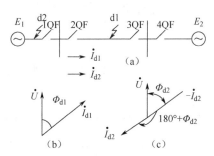

图 2-12　方向继电器工作原理分析

当反方向 d2 点短路时，通过保护 1 的短路电流是由电源 E_2 供给的。此时对保护 1 如果仍按规定的电流正方向观察，则 $\dot{I}_{d2}$ 滞后于母线电压 $\dot{U}$ 的相角将是 $180° + \Phi_{d2}$，如图 2-12（c）所示。因此，利用判别 Φ_{d1} 短路功率方向或者电流、电压之间的相位关系，就可以判别发生故障的方向。

1．定义

用以判别功率方向或测定电流、电压相位角的继电器称为功率方向继电器。

2．基本要求

（1）应具有明确的方向性，即正方向发生各种故障时可靠动作，而在反方向故障时，可靠不动作。

（2）故障时继电器的动作有足够的灵敏度。

3．动作判据

功率方向继电器既要输入电压，又要输入电流，因此是一种多激励量继电器，很显然它要比单激励量继电器的动作原理复杂。

（1）用相位比较方式表示的动作判据：

$$90° \leqslant \arg\frac{\dot{U}_j}{\dot{I}_j} \leqslant -90°$$

（2）用三角函数表示的动作判据：

$$U_j \dot{I}_j \cos(\Phi_j - \Phi_{lm}) \geqslant 0$$

式中，Φ_{lm} 为最大灵敏角。所谓最大灵敏角，是指功率方向继电器当输入电压 $\dot{U}_j$ 和输入电流 $\dot{I}_j$ 幅值确定了以后，那么功率方向继电器输出功率就与电压与电流之间的相角差有关，输出功率最大所对应的那个角度叫做最大灵敏角。

4．动作特性

功率方向继电器的动作特性在复数平面上是一条直线，如图 2-13 所示。

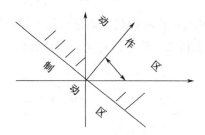

图 2-13　功率方向继电器的动作特性

其动作特性是这样做出来的：

在复数阻抗平面内作一条与最大灵敏角相垂直且过坐标原点的直线，这条直线与最大灵敏角相对应的半个平面是动作区，另外半个平面是制动区，从动作特性图可以看出，功率方向继电器的动作角度范围在理论上应该是 180°，当然实际情况一般小于 180°。

采用这种特性和接线的继电器，如果当输入激励量为 $\dot{U}_j=\dot{U}_A$、$\dot{I}_j=\dot{I}_A$ 时，在其正方向出口附近发生三相短路、A-B 或 C-A 两相接地短路，以及 A 相接地短路时，由于 $U_A=0$ 或数值很小，使继电器不能动作，这称为继电器的"电压死区"。当上述故障发生在死区范围以内时，整套保护将要拒动，这是一个很大的缺点，因此实际上很少采用。

5.　相间短路方向继电器的 90° 接线方式

为了减小和消除死区，相间短路的功率方向测量元件广泛采用非故障的相间电压作参考量去判别电流的相位，即 90° 接线方式。所谓 90° 接线方式是指系统在三相对称且功率因数为 1 的情况下，接入功率方向测量元件的电流超前所加电压 90° 的接线方式，如图 2-14 所示。这个定义仅仅是为了称呼的方便，没有什么物理意义。90° 接线方式接入继电器的电流、电压组合如表 2-1 所示。

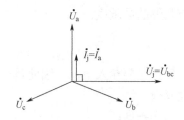

图 2-14　电压、电流向量

基本要求：

（1）正方向任何形式的故障都能动作，而当反方向故障时则不动作。

（2）故障以后加入继电器的电流 $\dot{I}_j$ 和电压 $\dot{U}_j$ 应尽可能地大一些，并尽可能使 Φ_j 接近于最灵敏角 Φ_{lm}，以便消除和减小方向继电器的死区。

分析功率方向继电器采用了 90° 的接线以后，线路上发生正方向三相短路和两相短路时可以得出，$0°<\Phi_d<90°$ 使方向继电器在一切故障情况下都能动作的条件应为：

$$30°<\alpha<60°$$

用于相间短路的功率方向继电器，厂家一般都提供 $\alpha=45°$ 和 $\alpha=30°$ 两个内角，就能满足上述要求。

90°接线方式的主要优点是：第一，对各种两相短路都没有死区，因为继电器加入的是非故障的相间电压，其值很高；第二，适当地选择继电器的内角后，对线路上发生的各种故障，都能保证动作的方向性。因此接线得到了广泛的应用。

表 2-1 90°接线方式电流、电压的组合

功率继电器序号	$\dot{I}_j$	$\dot{U}_j$
1KP	$\dot{I}_a$	$\dot{U}_{bc}$
2KP	$\dot{I}_b$	$\dot{U}_{ca}$
3KP	$\dot{I}_c$	$\dot{U}_{ab}$

五、相位比较回路

目前广泛采用的相位比较的方法之一是测量两个电压瞬时值同时为正（或同时为负）的持续时间来进行的。如图 2-15 所示，u_1 与 u_2 两个电压瞬时值同时为正的时间等于工频的四分之一周期（相当于 90°），对 50Hz 而言，即为 5ms。

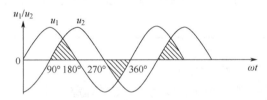

图 2-15 相位比较回路

六、双侧电源网络中电流保护整定的特点

1. 电流速断保护

对应用于双侧电源线路上的电流速断保护，也可用相似于单侧电源网络的分析，画出线路上各点短路时短路电流的分布曲线，如图 2-16 所示，其中①为由电源 E_1 供给的电流，曲线②为由 E_2 供给的电流，由于两端电源的容量不同，因此电流的大小也不同。

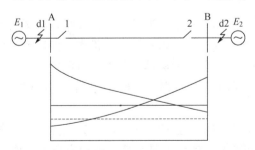

图 2-16 双侧电源线路上电流速断保护的整定

当任一侧区外相邻线路出口处，如图中的 d1 点和 d2 点短路时，短路电流都要同时流过两侧的保护 1 和 2，此时按照选择性的要求，两个保护均不应动作，因此两个保护的启动电流应选的相同，并按照较大的一个短路电流进行整定，例如，当 $\dot{I}_{d2.max}>\dot{I}_{d1.max}$ 时，则应取

$$\dot{I}'_{dz.1}=\dot{I}'_{dz.2}=K'_k\dot{I}_{d2.max}$$

这样整定的结果，将使位于小电流侧的保护 2 保护范围缩小，有可能不满足灵敏度的要求。当两端电源容量的差别越大时，对保护 2 的影响就越大。

为了解决这个问题，就需要在保护 2 处设方向元件，使其只当电流从母线流向被保护线路时才动作，这样保护2的启动电流就可以按躲开短路电流较小的 d1 点短路条件来整定，选择

$$\dot{I}'_{dz.2}=K'_k\dot{I}_{d1.max}$$

如图中的虚线所示，其保护范围较前增加了很多。必须指出，在上述情况下，保护 1 处无需装设方向元件，因为它从定值上已经可靠地躲开了反向短路时流过保护的最大电流 $\dot{I}_{d1.max}$。

2．限时电流速断保护

对应用于双侧电源网络中的限时电流速断保护，其基本的整定原则也和前面单侧电源的限时电流速断保护一样，应与下一级保护的电流速断相配合，但需要考虑保护安装地点与短路点之间有电源或线路（通称为分支电路）的影响。可分为如下两种典型情况。

（1）助增电流的影响：分支电路中有电源，此时故障线路中的短路电流大于前一级线路的短路电流。

> **相关链接：**
>
> 分支系数：$k_{fz}=\dfrac{\text{故障线路流过的短路电流}}{\text{前一级保护所在线路上流过的短路电流}}$，很显然有助增电流时，因为分支电路中有电源，$k_{fz}$ 是大于 1 的系数。

（2）外吸电流的影响：分支电路为一并联的线路，此时故障线路中的电流将小于前一级线路的电流，此时分支系数 k_{fz} 是小于 1 的系数。

对单侧电源供电的线路，分支系数 k_{fz} 是等于 1 的特殊情况。所以从这个意义上说，单侧电源网络供电系统是最简单的系统。

七、对方向性电流保护的评价

由以上分析可见，在具有两个以上电源的网络接线中，必须采用方向性保护才有可能保证各保护之间动作的选择性，这是方向保护的主要优点。但当继电保护中应用方向元件以后将使接线复杂，投资增加，同时保护安装地点附近正方向发生三相短路时，由于母线电压降低至零，方向元件将失去判别相位的依据，从而不能动作，其结果是导致整套保护装置拒动，出现方向保护的"死区"。

鉴于上述缺点的存在，在继电保护中应力求不用方向元件（这与前面提到的能用简单的就绝不用复杂的是完全吻合的）。实际上是否能够取消方向元件而同时又不失掉动作的选择性，将根据电流保护的工作情况和具体的整定计算来确定。按照前面的分析基本可以得出下面的结论：对电流速断保护，靠近小电源那一侧要加功率方向元件；对过电流保护，一般很难从电流整定值躲开，而主要决定于动作时限的大小，时限小的那一侧要加功率方向元件。

第三节 中性点直接接地电网中接地短路的零序电流及方向保护

当中性点直接接地的电网中发生接地短路时，将出现很大的零序电流。我国 110kV 及以上的电力系统均为大电流接地系统。单相短路将产生很大的故障相电流和零序电流，必须装设接地短路的相应保护装置。接地短路时必有零序电流，而在正常负荷状态下，零序电流没有或很小，因此采用反应零序电流的接地保护将能取得较高灵敏度，而且三相只要一个电流继电器，使接地保护装置非常简单。

一、两种接地系统

（1）中性点直接接地：指电力系统中变压器的中性点直接跟大地相连，当发生接地短路时，将出现很大的零序电流，因此又把它称为大电流接地系统，而在正常运行情况下它们是不存在的，这种系统一般适应于 110kV 及以上的系统。

（2）中性点非直接接地：指中性点不接地或中性点经消弧线圈接地，当发生单相接地时，故障点的电流很小，因此又称它为小电流接地系统，这种系统一般适应于 35kV 及以下的系统。

二、中性点直接接地系统中发生接地短路的分析

在电力系统中发生接地短路（单相接地或两相接地）时，由于是非对称性短路，是一种复杂短路，因此可以利用对称分量的方法将电流和电压分解为正序、负序和零序分量，并利用复合序网来表示它们之间的关系。

> **相关链接：**
>
> 正序网络：指 A、B、C 三相电压（或电流）幅值大小相等，相位互差 120°，按顺时针方向旋转；
>
> 负序网络：指 A、B、C 三相电压（或电流）幅值大小相等，相位互差 120°，按反时针方向旋转；
>
> 零序网络：指 A、B、C 三相电压（或电流）幅值大小相等，方向相同。如图 2-17 零序等效网络所示，零序电流可以看成是在故障点出现一个零序电压 U_{d0} 而产生的，它必须经过变压器接地的中性点构成回路。

正序网络、负序网络都是对称系统，和电力系统正常运行的情况基本上是一样的，电流、电压的计算比较容易，因此就不再研究它们，而零序网络是一种比较特殊的对称系统，因此我们要进行分析。如图 2-17 画出了接地短路时的零序等效网络。

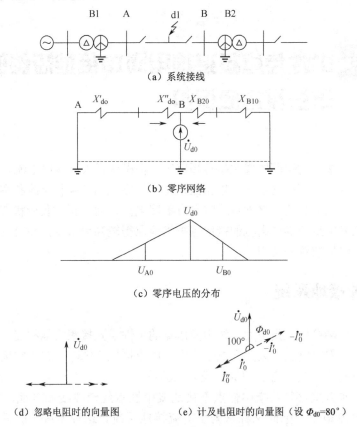

（a）系统接线

（b）零序网络

（c）零序电压的分布

（d）忽略电阻时的向量图　　　（e）计及电阻时的向量图（设 $\Phi_{d0}=80°$）

图 2-17　接地短路时的零序等效网络

由上述等效网络可见，零序分量的参数具有如下特点。

（1）故障点的零序电压最高，系统中距离故障点越远处的零序电压越低，一直到变压器的中性点处为零，所以变电所 A、B 母线上的零序电压为 U_{A0}、U_{B0}，称为零序残压。

（2）由于零序电流是由 $\dot{U}_{d0}$ 产生的，当忽略回路的电阻时，按照规定的正方向画出零序电流和电压的向量图，$\dot{I}'_0$ 和 $\dot{I}''_0$ 将超前 $\dot{U}_{d0}$ 90°，而当计及回路电阻时，如取零序阻抗角为 $\Phi_{d0}=80°$，$\dot{I}'_0$ 和 $\dot{I}''_0$ 将超前 $\dot{U}_{d0}$ 100°。

（3）对于发生故障的线路，两端零序功率的方向与正序功率的方向相反，零序功率方向实际上都是由线路流向母线的。

在这里需要说明一点：前面曾经提到，当系统发生接地短路故障时，短路点的电压为零，而此处说故障点的零序电压最高，这两种说法有没有矛盾？

实际上这两种说法并不矛盾，因为还有正序分量和负序分量，和零序分量叠加后，故障点的电压一定是零。

三、零序电压滤过器和零序电流滤过器

为了取得零序电压和零序电流，通常采用零序电压滤过器和零序电流滤过器。对于零序电压，一般采用三个单相式电压互感器，其一次绕组接成星形并将中性点接地，其二次绕组接成开口三角形，如图 2-18 所示，这样从 m、n 端子上得到的输出电压为：

$$\dot{U}_{mn} = \dot{U}_a + \dot{U}_b + \dot{U}_c = 3\dot{U}_0$$

用类似的方法可得零序电流滤过器输出电流为：$\dot{I}_j = \dot{I}_a + \dot{I}_b + \dot{I}_c = 3\dot{I}_0$

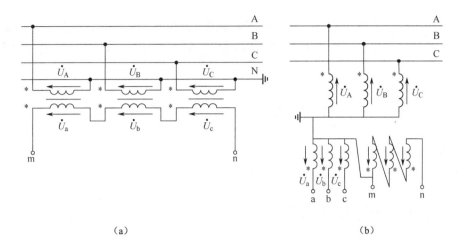

（a）   （b）

图 2-18　零序电压滤过器

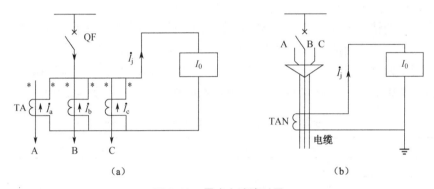

（a）   （b）

图 2-19　零序电流滤过器

研究这些知识，关键要落实到保护上，下面来研究保护。

四、零序电流速断（零序Ⅰ段）保护

整定原则有两条：

（1）躲开下一条线路出口处单相或两相接地短路时可能出现的最大零序电流。

（2）躲开断路器三相触头不同期合闸时所出现的最大零序电流。

很显然在上面两条中选取其中较大者再乘以一个可靠系数 K'_k 作为整定值。

五、零序电流限时速断（零序Ⅱ段）保护

零序电流限时速断的整定原则与相间短路限时电流速断一样，其启动电流首先考虑和下一条线路的零序电流速断相配合，并带有高出一个 0.5s 的时限。

六、零序过电流（零序Ⅲ段）保护

零序过电流保护的整定原则：因为在正常情况下，没有零序电流，因此我们只能按照躲开在下一条线路出口处相间短路时所出现的最大不平衡电流 $\dot{I}_{bpmax}$ 来整定，引入可靠系数 K_k，即为

$$\dot{I}'''_{dzj}=K_k\dot{I}_{bpmax}$$

以上三种零序电流保护的整定原则有的与前面相间电流保护的整定原则一样，为什么？因为都是电流速断、限时电流速断、定时限过电流三段保护；但也有不一样的地方，为什么不一样？因为是零序电流的三段保护，零序电流有它自己的特点，所以我们要抓住它们之间的共同点和不同点，进行比较。

七、方向性零序电流保护

在双侧或多侧电源的网络中，电源处变压器的中性点一般至少有一台要接地，由于零序电流的实际流向是由故障点流向各个中性点接地的变压器，因此在变压器接地数目比较多的复杂网络中，就需要考虑零序电流保护动作的方向性问题。

和前面分析的情况一样，必须在零序电流保护上增加功率方向元件，利用正方向和反方向故障时，零序功率方向的差别，来闭锁可能误动的保护，才能保证动作的选择性。

零序功率方向继电器接于零序电压 $3\dot{U}_0$ 和零序电流 $3\dot{I}_0$ 之上。为了帮助记忆，下面我们将相间功率方向继电器 GJ 和零序功率方向继电器 GJ0 作一个比较，如表 2-2 所示。

表 2-2　相间功率方向继电器与零序功率方向继电器比较

	相间功率方向继电器 GJ	零序功率方向继电器 GJ0
作用	作闭锁元件	作闭锁元件
输入激励量	$\dot{U}_j$—非故障相的相间电压 $\dot{I}_j$—故障相的电流 $\dot{U}_{AB}$（如 $\dot{I}_A$，$\dot{U}_{BC}$，$\dot{I}_B$、$\dot{U}_{CA}$，$\dot{I}_C$、$\dot{U}_{AB}$）	$\dot{U}_j$—$3\dot{U}_0$ $\dot{I}_j$—$3\dot{I}_0$
接线方式	$90°$ 接线（为了消灭死区）	$3\dot{U}_0$ 反极性接入（取灵敏角为正）
灵敏角	内角 $a=30°$，$45°$	$\Phi_{lm}=70°\sim85°$
带电情况	平时带电	平时不带电，一定是发生接地短路时才有 $3\dot{U}_0$ 和 $3\dot{I}_0$

八、对零序电流保护的评价

在前面已经分析过，相间短路的电流保护，采用三相星形接线方式时，也可以保护单相接地短路。那么为什么还要采用专门的零序电流保护呢？这是因为两者相比，后者具有很多的优点：

（1）相间短路的过电流保护是按照大于负荷电流整定的，继电器的启动电流一般为 5～

7A，而零序过电流保护则按照躲开不平衡电流的原则整定，其值一般为 2～3A，由于发生单相接地短路时，故障相的电流与零序电流 $3i_0$ 相等，因此，零序过电流保护的零敏度高。零序过电流保护的动作时限也比相间保护短。

（2）相间短路的电流速断和限时电流速断保护直接受系统运行方式变化的影响很大，而零序电流保护受系统运行方式变化的影响要小得多。此外，由于线路零序阻抗远比正序阻抗大，$X_0 =$（2～3.5）X_1，故线路始端与末端短路时，零序电流变化显著，曲线较陡，因此零序 I 段的保护范围较大，也较稳定，零序 II 段的灵敏系数也易于满足要求。

（3）当系统中发生某些不正常运行状态时，如系统振荡、短时过负荷等，三相是对称的，相间短路的电流保护均将受它们的影响而可能误动作，而零序保护则不受它们的影响。

（4）在 110kV 及以上的高压和超高压系统中，单相接地故障占全部故障的 70%～90%，而且其他的故障也往往是由单相接地发展起来的，因此，采用专门的零序保护就具有显著的优越性。

零序电流保护的缺点：

（1）对于短线路或运行方式变化很大的情况，保护往往不能满足系统运行所提出的要求。

（2）当采用自耦变压器联系两个不同电压等级的网络时（如 110kV 和 220kV 电网），则任一网络的接地短路都将在另一网络中产生零序电流，这将使零序保护的整定配合复杂化，并将增大第 III 段保护的动作时限。

但总的综合比较的结果，还是优点大于缺点，因此在中性点直接接地的电网中，即 110kV 及以上的电网中，零序电流保护得到了广泛的应用。

第四节 中性点非直接接地电网中单相接地故障的零序电压、电流及方向保护

电压为 3～35kV 的电网，采用中性点不接地或经消弧线圈接地方式，统称为中性点非直接接地电网。在中性点非直接接地电网中发生单相接地时，由于故障点的电流很小，而且三相之间的线电压仍然保持对称，对负荷的供电没有影响，因此在一般情况下都允许再继续运行 1～2 个小时，而不必立即跳闸（在危及人身、设备安全时则应立即跳闸），这是其主要优点。但为了防止事故扩大，应发出报警信号以便运行人员及时检查和排除故障。

一、中性点不接地电网中单相接地故障的特点

如图 2-20 所示的最简单的网络接线，在正常运行情况下，三相对地有相同的电容 C_0，在相电压的作用下，每相都有一超前于相电压 90° 的电容电流流入地中，因为在正常情况下我们把电力系统看成是一个对称系统，因而三相电流之和等于零。假设在 A 相发生了单相接地，则 A 相对地电压变为零，对地电容被短接，而其他两相的对地电压和电流升高 $\sqrt{3}$ 倍，向量关系如图 2-21 所示。

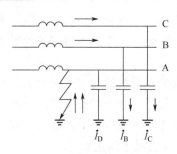

图 2-20　简单网络接线示意图

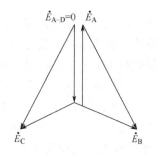

图 2-21　A 相接地时的向量图

在 A 相接地以后，各相对地的电压为

$$\left.\begin{array}{l}\dot{U}_{A-D} = 0 \\ \dot{U}_{B-D} = \dot{E}_B - \dot{E}_A = \sqrt{3}\,\dot{E}_A\,e^{-j150} \\ \dot{U}_{C-D} = \dot{E}_C - \dot{E}_A = \sqrt{3}\,\dot{E}_A\,e^{j150}\end{array}\right\}$$

故障点 d 的零序电压为

$$\dot{U}_{d0} = \frac{1}{3}\left(\dot{U}_{A-D} + \dot{U}_{B-D} + \dot{U}_{C-D}\right) = -\dot{E}_A$$

由此可见，故障点的零序电压与故障相的电势相等，但是反向。

在非故障相中流向故障点的电容电流为：

$$\left.\begin{array}{l}\dot{I}_B = \dot{U}_{B-D}\,j\omega C_0 \\ \dot{I}_C = \dot{U}_{C-D}\,j\omega C_0\end{array}\right\}$$

其有效值为 $I_B = I_C\sqrt{3}U_\Phi\omega C_0$，此时从接地点流回的电流为 $\dot{I}_D = \dot{I}_B + \dot{I}_C$。

中性点不接地电网发生单相接地时有以下特征：

（1）在发生单相接地时，全系统出现零序电压和零序电流；

（2）非故障线的零序电流为该线非故障相对地电容电流之和，方向为由母线指向线路且超前零序电压 90°；

（3）故障点的电流为全系统非故障相对地电容电流之和，其相位超前零序电压 90°；

（4）故障线的零序电流等于除故障线外的全系统中其他元件非故障相的电容电流之和，其值远大于非故障线的零序电流，且方向与非故障线电流的方向相反，由线路指向母线，且滞后零序电压 90°；

（5）故障线的零序功率与非故障线的零序功率方向相反。

根据中性点不接地系统发生单相接地时的各种特征，这种系统可构成以下原理的接地短路保护方式：

（1）绝缘监视装置；

（2）零序电流保护；

（3）零序功率方向保护。

二、电网中同一母线上线路很多时的情况

当同一母线上有多条出线，假如其中有一条出线发生了 A 相接地故障，则全系统 A 相对地的电压均等于零，因而各元件 A 相对地的电容电流也等于零，同时 B 相和 C 相的对地电

压和电流也都升高 $\sqrt{3}$ 倍。接地点要流过全系统所有非故障相对地电容电流的总和。同理，B相或C相接地故障情况亦然。

三、中性点经消弧线圈接地电网中单相接地故障的特点

根据以上的分析，当中性点不接地电网中发生单相接地时，在接地点要流过全系统的对地电容电流，如果此电流比较大，就会在接地点燃起电弧，引起弧光过电压，从而使非故障相的对地电压进一步升高，因此，使绝缘损坏，形成两点或多点的接地短路，造成停电事故。为了解决这个问题，通常在中性点和大地之间接入一个电感线圈，这样当单相接地时，在接地点就有一个电感分量的电流通过，此电流和原系统中的电容电流相抵消，就可以减少流经故障点的电流，因此，称它为消弧线圈。

根据对电容电流补偿程度的不同，消弧线圈可以有下列三种补偿方式：完全补偿、欠补偿、过补偿。

（1）完全补偿：使 $\dot{I}_L = \dot{I}_{C\Sigma}$，接地点的电流近似为 0。

（2）欠补偿：使 $\dot{I}_L < \dot{I}_{C\Sigma}$，补偿后的接地点的电流仍然是电容性的。

（3）过补偿：使 $\dot{I}_L > \dot{I}_{C\Sigma}$，补偿后的残余电流是感性的。由于这种方法不可能发生串联谐振的过电压问题，因此，电力系统比较多的采用过补偿。

采用过补偿后，该系统中零序分量的特征如下：

（1）全系统出现零序电压和零序电流；

（2）由于过补偿作用使流经故障点、故障线路的零序电流大大减小，因此它的大小与非故障线路的零序电流值差别不大，其次由于补偿系数不大，所以采用零序电流保护很难满足灵敏系数的要求；

（3）采用过补偿方式后故障线零序电流和零序功率方向与非故障线零序电流和零序功率方向相同，就无法利用零序功率方向保护来选择故障线路；

（4）在接地短路暂态过程中，接地电流中含有丰富的高次谐波分量；

（5）接地故障时，暂态过程中的暂态电容电流比稳态电容电流大得多，且在过渡过程中首半波幅值出现最大。

中性点经消弧线圈接地系统一般用以下保护方式：

（1）采用绝缘监视装置；

（2）零序电流保护；

（3）短时投入电阻；

（4）利用单相接地电流中的高次谐波分量；

（5）利用单相接地瞬间的波过程中，故障线路与非故障线路上零序电流大小或方向的差别，构成有选择性的保护；

（6）利用接地故障暂态过程中的故障分量的特征构成保护。

四、几种典型的中性点不接地电网中单相接地的保护

根据网络接线的情况，可利用以下方式来构成单相接地保护。

1. 绝缘监视装置

在发电厂和变电所的母线上，一般装设网络单相接地的监视装置，它利用接地后出现的零序电压，带延时动作于信号。这种信号是没有选择性的，要想发现故障是在哪一条线路上，还需要运行人员手动拉合闸各条线路来判断。

2. 微机小电流接地选线装置

现在已经研发出微机小电流接地选线装置，这种装置，不仅能选出是哪一条线路发生单相接地，而且还能判断是在什么位置发生故障，这样给运行人员提供了很大的方便。

3. 零序电流保护

4. 零序电流方向保护

关于零序电流保护和零序电流方向保护以前我们都介绍过，因此这里就不再说了。

总的来说，中性点非直接接地系统的保护相对于中性点直接接地系统的保护来说，要简单一些，容易一些。

第五节 电流保护计算举例

到这儿为止，电流保护讲完了，为了帮助大家加深对这部分内容的巩固和理解，我们做一道电流保护的计算题。

网络图如图 2-22 所示。

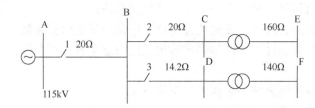

图 2-22 电流保护计算网络图

试确定保护 1 电流速断、限时电流速断的整定值、动作时限、保护范围或灵敏系数，要求 $K_{Lm} \geq 1.3$（$K_k' = 1.25$，$K_k'' = 1.15$，$X_{smax} = 18.3\Omega$，$X_{smin} = 13.2\Omega$，$Z_b = 0.4\Omega/km$，变压器设有纵差保护 $t = 0s$）。

解：（1）求 B 母线上最大短路电流：

$$I_{dBmax} = \frac{E_\phi}{X_{smin} + X_{AB}} = \frac{115/\sqrt{3}}{13.2 + 20} = 2kA$$

（2）求保护 1 电流速断整定值：

$$I'_{dz.1} = K'_k I_{dBmax} = 1.25 \times 2 = 2.5kA$$

（3）求最大保护范围，根据 $I'_{dz.1} = I_d$：

$$\frac{E_\phi/\sqrt{3}}{X_{s\min}+Z_b L_{\max}}=I'_{dz.1}=2.5$$

即 $\dfrac{115/\sqrt{3}}{13.2+0.4L_{\max}}=2.5$　　$L_{\max}=\dfrac{\left(\dfrac{115/\sqrt{3}}{2.5}-13.2\right)}{0.4}=33.47\text{km}$

$\therefore L_{\max}\%=\dfrac{33.47}{20/0.4}=66.9\%$

（4）求最小保护范围 $L_{\min}=\dfrac{1}{Z_b}\left(\dfrac{\dfrac{\sqrt{3}}{2}\times115/\sqrt{3}}{I'_{dz.1}}-X_{s\max}\right)=\dfrac{1}{0.4}\left(\dfrac{115/2}{2.5}-18.3\right)=11.75\text{km}$

$\therefore L_{\min}\%=11.75\left/\dfrac{20}{0.4}\right.=23.5\%>15\%$，$t'_1=0\text{ s}$

（5）求 D 母线上最大短路电流：

$$I_{d.D\max}=\frac{E_\phi}{X_{s\min}+X_{AB}+X_{BD}}=\frac{115/\sqrt{3}}{13.2+20+14.2}=1.4\text{kA}\geqslant I_{d'C\max}$$

（6）求保护 1 限时电流速断保护的定值：

$I''_{dz.1}=K''_k K'_k I_{d.D\max}=1.15\times1.25\times1.4=2.012\text{kA}$（与相邻线路电流速断相配合）

（7）求最小运行方式下线路末端 B 母线最小短路电流值：

$$I_{d.B\min}=\frac{\dfrac{\sqrt{3}}{2}E_\phi}{X_{s\max}+X_{AB}}=\frac{\dfrac{\sqrt{3}}{2}\times\dfrac{115}{\sqrt{3}}}{18.3+20}=1.5\text{kA}$$

$\therefore K_{lm}=\dfrac{1.5}{2.012}=0.746<1.3$，不满足要求。

由于与相邻线路电流速断相配合时，按本线末端校核灵敏度不满足要求，可考虑与下一条线路限时电流速断相配合，由于下一条线路相邻变压器装有瞬时动作的差动保护，保护 2、3 的限时电流速断可以按躲开变压器后最大短路电流来整定，动作时限取 Δt，则保护 1 限时电流速断比相邻线路的限时电流速断的时限再高一个 Δt。

由网络图可知，$I''_{dz.3}>I''_{dz.2}$，

$$\therefore I''_{dz.3}=K''_k I_{d.F\max}=K''_k\frac{E_\phi}{X_{S\min}+X_{AB}+X_{BD}+X_{DF}}=1.15\frac{115/\sqrt{3}}{13.2+20+14.2+140}=0.4\text{kA}$$

$I''_{dz.1}=K''_k I''_{dz.3}=1.15\times0.4=0.46\text{kA}$

灵敏系数 $K''_{lm}=1.5/0.46=3.3>1.3$，满足要求，动作时限 $t_1=1\text{s}$。

第三章
电网的距离保护

第一节 距离保护概述

一、距离保护的基本概念

上一章我们介绍了电流保护，电流保护的主要优点是简单、经济、可靠，因而得到了广泛的应用。但是由于这种保护整定值的选择、保护范围以及灵敏系数等方面都直接受电网接线方式及系统运行方式的影响，所以，电流保护对于容量大、电压高和结构复杂的网络，难以满足电网对保护的要求，一般只适用于 35kV 及以下电压等级的配电网。为此，对于 110kV 及以上电压等级的复杂电网，必须采用性能更加完善的保护装置，距离保护就是适应这种要求的一种保护。

（1）定义：距离保护是根据反应故障点至保护安装地点之间的距离（或阻抗）的远近而确定动作时限的一种保护装置。前面我们已经分析过，故障时的短路阻抗 Z_d 要比正常运行的负荷阻抗 Z_f 小，因此，距离保护是反应阻抗降低而动作的保护装置，是一种欠量动作的继电器，主要元件为距离继电器，可根据其端子上所加的电压和电流测知保护安装处至故障点间的阻抗值。距离保护范围通常用整定阻抗 Z_{set} 的大小来实现。

正常运行时保护安装处测量到的阻抗为负荷阻抗 Z_m，即

$$Z_m = \frac{\dot{U}_m}{\dot{I}_m} = Z_L \tag{3-1}$$

式中　$\dot{U}_m$ ——被保护线路母线的相电压，测量电压；

　　　$\dot{I}_m$ ——被保护线路的电流，测量电流；

　　　Z_m ——测量电压与测量电流之比，测量阻抗。

在被保护线路任一点发生故障时，保护安装处的测量电压为 $\dot{U}_{\mathrm{m}} = \dot{U}_{\mathrm{K}}$，测量电流为故障电流 $\dot{I}_{\mathrm{K}}$，这时的测量阻抗为保护安装处到短路点的短路阻抗 Z_{K}，

$$Z_{\mathrm{m}} = \frac{\dot{U}_{\mathrm{m}}}{\dot{I}_{\mathrm{m}}} = \frac{\dot{U}_{\mathrm{K1}}}{\dot{I}_{\mathrm{K}}} = Z_{\mathrm{K}} \tag{3-2}$$

当短路点在保护范围以外时，即 $|Z_{\mathrm{m}}| > |Z_{\mathrm{set}}|$ 时继电器不动。当短路点在保护范围内，即 $|Z_{\mathrm{m}}| < |Z_{\mathrm{set}}|$ 时继电器动作。

二、时限特性

距离保护的动作时间 t 与保护安装处到故障点之间的距离 1 的关系称为距离保护的时限特性，目前获得广泛应用的是阶梯型时限特性，称为距离保护的 I、II、III 段。从如图 3-1 所示的距离保护时间特性可以看出，尽管它也是阶梯形特性，但是它从电源侧开始到负荷侧，是逐渐升高的，这和过电流保护的时间阶梯特性刚好相反。这种时间特性正好是我们所需要的。

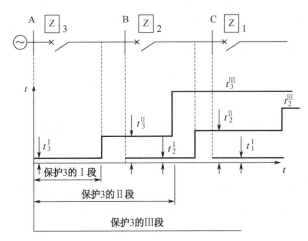

图 3-1　距离保护的时限特性

距离保护的第 I 段是瞬时动作的，t^{I} 是保护本身的固有动作时间。以保护 3 为例，其启动阻抗的整定值必须躲开这一点短路时所测量到的阻抗 $|Z_{\mathrm{AB}}|$，即 $Z_{\mathrm{set3}}^{\mathrm{I}} < Z_{\mathrm{AB}}$。考虑到阻抗继电器和电流、电压互感器的误差，需引入可靠系数 k_{rel}（一般取 0.8～0.85）：

$$Z_{\mathrm{set3}}^{\mathrm{I}} = (0.8 \sim 0.85) Z_{\mathrm{AB}} \tag{3-3}$$

为了切除本线路末端 15%～20% 范围以内的故障，需要设置距离保护第 II 段。距离 II 段整定值的选择不超过下一条线路距离 I 段的保护范围，同时高出一个 Δt 的时限，以保证选择性。

引入可靠系数 $K_{\mathrm{rel}}^{\mathrm{II}}$，则保护 3 的启动阻抗为

$$Z_{\mathrm{set3}}^{\mathrm{II}} = K_{\mathrm{rel}}^{\mathrm{II}} (Z_{\mathrm{AB}} + Z_{\mathrm{set2}}^{\mathrm{I}}) \tag{3-4}$$

距离 I 段和 II 段的联合工作构成本线路的主保护。

距离保护 III 段：躲开本线路的最小负荷阻抗，具体来说，其保护范围是，本线路全长+相邻线路全长，还要延伸到第 III 级线路的一部分，动作时限为 1s 以上。

三、距离保护的组成

三段式距离保护装置组成的逻辑关系如图 3-2 所示。

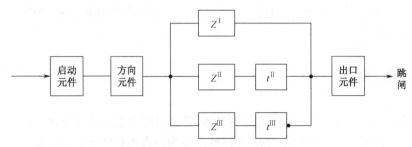

图 3-2　距离保护原理的组成元件框图

1．启动元件（振荡闭锁元件）

启动元件的主要作用是在发生故障的瞬间启动整套保护，并和距离元件动作后组成与门，启动出口回路动作于跳闸，以提高保护装置的可靠性。启动元件可由过电流继电器、低阻抗继电器或反应于负序和零序电流的继电器构成。我们现在一般采用负序和零序电流增量继电器。

2．距离（阻抗）元件（Z^{I}、Z^{II} 和 Z^{III}）

距离元件的主要作用是测量短路点到保护安装地点之间的阻抗（即距离）。

3．时间元件

时间元件的主要作用是按照故障点到保护安装地点的远近，根据预定的时限特性确定动作的时限，以保证保护动作的选择性。一般采用时间继电器。

第二节　阻抗继电器

阻抗继电器是距离保护装置的核心元件，其主要作用是测量短路点到保护安装处之间的距离，并与整定阻抗值进行比较，以确定保护是否应该动作。阻抗继电器按其构成方式可分为单相式和多相补偿式。

单相式阻抗继电器是指加入继电器的只有一个电压 $\dot{U}_{m}$（可以是相电压或线电压）和一个电流 $\dot{I}_{m}$（可以是相电流或两相电流之差）的阻抗继电器。$\dot{U}_{m}$ 和 $\dot{I}_{m}$ 的比值称为继电器的测量阻抗 Z_{m}。由于 Z_{m} 可以写成 $R + jX$ 的复数形式，所以可以利用复数平面来分析这种继电器的动作特性，并用一定的几何图形把它表示出来，如图 3-3 所示。

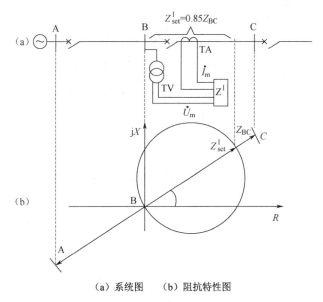

（a）系统图　　（b）阻抗特性图

图 3-3　用复数平面分析阻抗继电器的特性

一、具有圆及直线动作特性的阻抗继电器

单相式圆特性和直线特性阻抗继电器的构成方法有两种：比幅式阻抗继电器和比相式阻抗继电器。

（一）特性分析及电压形成回路

1. 全阻抗继电器

（1）幅值比较

全阻抗继电器的动作特性如图 3-4 所示，动作与边界条件为：

$$|Z_{set}| \geqslant |Z_m| \quad \text{或} \quad |Z_{set}\dot{I}_m| \geqslant |Z_m\dot{I}_m| \tag{3-5}$$

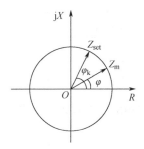

图 3-4　全阻抗继电器的动作特性

比较两电压量幅值的全阻抗继电器的电压形成回路，如图 3-5 所示。

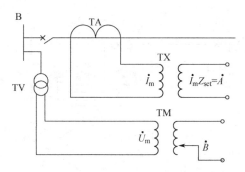

图 3-5   全阻抗继电器幅值比较电压形成回路

（2）相位比较

相位比较的动作特性如图 3-6 所示，继电器的动作与边界条件为 $Z_{set} - Z_m$ 与 $Z_{set} + Z_m$ 的夹角小于等于 $90°$，即

$$-90° \leqslant \arg \frac{Z_{set} - Z_m}{Z_{set} + Z_m} = \theta \leqslant 90° \qquad (3\text{-}6)$$

两边同乘以电流量得

$$-90° \leqslant \arg \frac{\dot{U}_{set} - \dot{U}_m}{\dot{U}_{set} + \dot{U}_m} = \arg \frac{\dot{D}}{\dot{C}} = \theta \leqslant 90° \qquad (3\text{-}7)$$

上式中，$\dot{D}$ 量超前于 $\dot{C}$ 量时 θ 角为正，反之为负。构成相位比较的电压形成回路如图 3-7 所示。

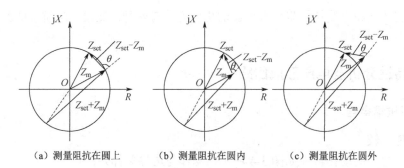

（a）测量阻抗在圆上 （b）测量阻抗在圆内 （c）测量阻抗在圆外

图 3-6   相位比较方式分析全阻抗继电器的动作特性

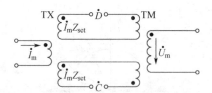

图 3-7   全阻抗继电器相位比较电压形成回路

2．方向阻抗继电器

（1）幅值比较

方向阻抗继电器的动作特性为一个圆，动作具有方向性，如图 3-8 所示，幅值比较的动作与边界条件为：

$$\left|\frac{1}{2}Z_{set}\right| \geq \left|Z_m - \frac{1}{2}Z_{set}\right| \tag{3-8}$$

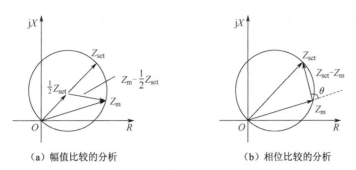

（a）幅值比较的分析　　　　　（b）相位比较的分析

图 3-8　方向阻抗继电器的动作特性

两边同乘以电流得：

$$\left|\dot{A}\right| = \left|\frac{1}{2}\dot{I}_m Z_{set}\right| \geq \left|\dot{U}_m - \frac{1}{2}\dot{I}_m Z_{set}\right| = \left|\dot{B}\right| \tag{3-9}$$

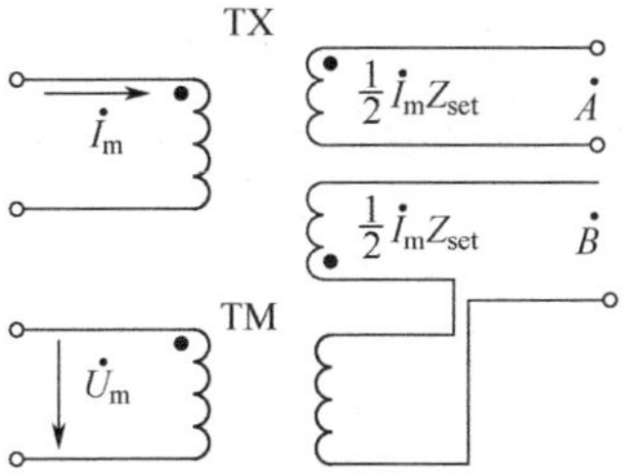

图 3-9　方向阻抗继电器幅值比较电压形成回路

（2）相位比较

相位比较的方向阻抗继电器动作特性如图 3-8（b）所示，其动作与边界条件为：

$$-90° \leq \arg\frac{Z_{set} - Z_m}{Z_m} = \theta \leq 90° \tag{3-10}$$

分式上下同乘以电流得：

$$-90° \leq \arg\frac{\dot{U}_k - \dot{U}_y}{\dot{U}_y} \leq 90° \tag{3-11}$$

方向阻抗继电器相位比较的电压形成回路，如图 3-10 所示。

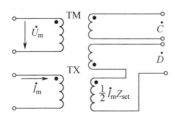

图 3-10　方向阻抗继电器相位比较电压形成回路

3. 偏移特性阻抗继电器

（1）幅值比较

偏移特性阻抗继电器的动作特性中圆的直径为 Z_{set} 与 $\dot\alpha Z_{set}$ 之差。

动作条件为：

$$\left|\frac{1}{2}(Z_{set} - \dot\alpha Z_{set})\right| \geqslant \left|Z_{m} - \frac{1}{2}(Z_{set} + \dot\alpha Z_{set})\right| \tag{3-12}$$

两边同乘以电流得：

$$\left|\frac{1}{2}(1 - \dot\alpha)\dot I_{m} Z_{set}\right| \geqslant \left|\dot U_{m} - \frac{1}{2}(1 + \dot\alpha)\dot I_{m} Z_{set}\right| \tag{3-13}$$

（2）相位比较

偏移特性阻抗继电器相位比较分析，如图 3-11 所示，其相位比较的动作与边界条件为：

$$-90° \leqslant \arg\frac{Z_{set} - Z_{m}}{Z_{m} - \dot\alpha Z_{set}} = \theta \leqslant 90° \tag{3-14}$$

两边同乘以电流得：

$$-90° \leqslant \arg\frac{\dot I_{m} Z_{set} - \dot U_{m}}{\dot U_{m} - \dot\alpha \dot I_{m} Z_{set}} = \arg\frac{\dot D}{\dot C} \leqslant 90° \tag{3-15}$$

偏移特性阻抗继电器幅值比较和相位比较的电压形成回路与方向阻抗继电器的类似，这里不再介绍。

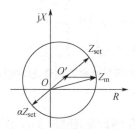

图 3-11　偏移特性阻抗继电器动作特性

4. 直线特性阻抗继电器

直线特性阻抗继电器动作特性如图 3-12 所示。

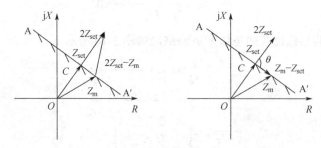

图 3-12　直线特性阻抗继电器动作特性

幅值比较动作条件：

$$|Z_{m}| \geqslant |2Z_{set} - Z_{m}| \qquad |\dot A| = |\dot U_{m}| \geqslant |2\dot I_{m} Z_{set} - \dot U_{m}| = |\dot B| \tag{3-16}$$

相位比较动作条件:

$$-90° \leqslant \arg\frac{Z_{\mathrm{m}} - Z_{\mathrm{set}}}{Z_{\mathrm{set}}} = \theta \leqslant 90° \qquad -90° \leqslant \arg\frac{\dot{U}_{\mathrm{m}} - \dot{I}_{\mathrm{m}}Z_{\mathrm{set}}}{\dot{I}_{\mathrm{m}}Z_{\mathrm{set}}} \leqslant 90° \qquad (3\text{-}17)$$

（二）阻抗继电器的比较回路

具有圆或直线特性的阻抗继电器可以用比较两个电气量幅值的方法来构成，也可以用比较两个电气量相位的方法来实现，如图 3-13 所示。

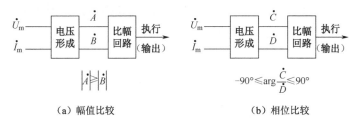

（a）幅值比较　　　　　　　　（b）相位比较

图 3-13　阻抗继电器的构成原理方框图

1. 微机保护中幅值比较的实现

设由傅氏算法算出的电压和电流实、虚部分别用 U_{I}、U_{R} 和 I_{I}、I_{R} 表示:

$$\dot{U}_{\mathrm{m}} = U_{\mathrm{R}} + jU_{\mathrm{I}} = U_{\mathrm{m}}\angle\varphi_{\mathrm{U}} \qquad (3\text{-}18)$$

$$\dot{I}_{\mathrm{m}} = I_{\mathrm{R}} + jI_{\mathrm{I}} = I_{\mathrm{m}}\angle\varphi_{\mathrm{I}} \qquad (3\text{-}19)$$

$$Z_{\mathrm{m}} = \frac{\dot{U}_{\mathrm{m}}}{\dot{I}_{\mathrm{m}}} = \frac{U_{\mathrm{R}} + jU_{\mathrm{I}}}{I_{\mathrm{R}} + jI_{\mathrm{I}}} = \frac{U_{\mathrm{R}}I_{\mathrm{R}} + U_{\mathrm{I}}I_{\mathrm{I}}}{I_{\mathrm{R}}^2 + I_{\mathrm{I}}^2} + j\frac{U_{\mathrm{I}}I_{\mathrm{R}} - U_{\mathrm{R}}I_{\mathrm{I}}}{I_{\mathrm{R}}^2 + I_{\mathrm{I}}^2} = R_{\mathrm{m}} + jX_{\mathrm{m}} \qquad (3\text{-}20)$$

$$Z_{\mathrm{m}} = \frac{\dot{U}_{\mathrm{m}}}{\dot{I}_{\mathrm{m}}} = \frac{U_{\mathrm{m}}}{I_{\mathrm{m}}}\angle(\varphi_{\mathrm{U}} - \varphi_{\mathrm{I}}) = |Z_{\mathrm{m}}|\angle\varphi_{\mathrm{m}} \qquad (3\text{-}21)$$

2. 微机保护中相位比较的实现

在微机保护中，相位比较既可以用阻抗的形式实现，也可以用电压的形式实现。在用电压比较的情况下，分为相量比较和瞬时采样值比较两种。

（1）相量比较方式。

动作范围:

$$-90° \sim 90°$$

比相动作条件:

$$U_{\mathrm{CR}}U_{\mathrm{DR}} + U_{\mathrm{CI}}U_{\mathrm{DI}} \geqslant 0 \qquad (3\text{-}22)$$

动作范围:

$$0° \sim 180°$$

比相动作条件:

$$U_{\mathrm{CI}}U_{\mathrm{DR}} - U_{\mathrm{CR}}U_{\mathrm{DI}} \geqslant 0 \qquad (3\text{-}23)$$

（2）瞬时采样值比较方式。

$$u_{\mathrm{C}}\left(n - \frac{N}{4}\right)u_{\mathrm{D}}\left(n - \frac{N}{4}\right) + u_{\mathrm{C}}(n)u_{\mathrm{D}}(n) \geqslant 0 \qquad (3\text{-}24)$$

$$u_C\left(n-\frac{N}{4}\right)u_D(n)-u_C(n)u_D\left(n-\frac{N}{4}\right)\geqslant 0 \tag{3-25}$$

这种算法只需要用相隔 1/4 工频周期的两个采样值就可以完成比相，故可称为比相的两点积算法。由于该方法用瞬时值比相，受输入量中的谐波等干扰信号的影响较大，故必须先用数字滤波算法滤除输入中的干扰信号，然后再进行比相。

二、具有多边形动作特性的阻抗继电器

如图 3-14 所示为阻抗继电器准四边形动作特性，准四边形以内为动作区，以外为不动区，即测量阻抗末端位于准四条边上为动作边界。

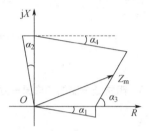

图 3-14　阻抗继电器的准四边形动作特性

设测量阻抗 Z_m 的实部为 R_m，虚部为 X_m，则图 3-14 在第Ⅳ象限部分的特性可以表示为

$$\left.\begin{array}{l}R_m\leqslant R_{set}\\X_m\geqslant -R_m\,\text{tg}\,\alpha_1\end{array}\right\} \tag{3-26}$$

第Ⅱ象限部分的特性可以表示为：

$$\left.\begin{array}{l}X_m\leqslant R_{set}\\R_m\geqslant -X_m\,\text{tg}\,\alpha_2\end{array}\right\} \tag{3-27}$$

第Ⅰ象限部分的特性可以表示为：

$$\left.\begin{array}{l}R_m\leqslant R_{set}+X_m\,\text{ctg}\,\alpha_3\\X_m\leqslant X_{set}-R_m\,\text{tg}\,\alpha_4\end{array}\right\} \tag{3-28}$$

综合以上三式，动作特性可以表示为：

$$\left.\begin{array}{l}-X_m\,\text{tg}\,\alpha_2\leqslant R_m\leqslant R_{set}+\hat{X}_m\,\text{ctg}\,\alpha_3\\-R_m\,\text{tg}\,\alpha_1\leqslant X_m\leqslant X_{set}-\hat{R}_m\,\text{tg}\,\alpha_4\end{array}\right\} \tag{3-29}$$

其中，

$$\hat{X}_m=\begin{cases}0,&X_m\leqslant 0\\X_m,&X_m>0\end{cases}\qquad\hat{R}_m=\begin{cases}0,&R_m\leqslant 0\\R_m,&R_m>0\end{cases}$$

若取 $\alpha_1=\alpha_2=14°$，$\alpha_3=45°$，$\alpha_4=7.1°$，则式（3-29）又可表示为：

$$\text{ctg}\,\alpha_3=1\qquad\text{ctg}\,\alpha_4=0.1245\approx 0.125=\frac{1}{8}\qquad\text{tg}\,\alpha_1=\text{tg}\,\alpha_2=0.249\approx 0.25=\frac{1}{4}$$

$$\left.\begin{array}{l}-\dfrac{1}{4}X_m\leqslant R_m\leqslant R_{set}+\hat{X}_m\\-\dfrac{1}{4}R_m\leqslant X_m\leqslant X_{set}-\dfrac{1}{8}\hat{R}_m\end{array}\right\} \tag{3-30}$$

该式可以方便地在微机保护中实现。

至此，我们已经介绍了阻抗的三种说法，下面总结一下三个阻抗的意义和区别，以便加深理解：

Z_j 是继电器的测量阻抗，由加入继电器中电压 $\dot{U}_j$ 与电流 $\dot{I}_j$ 的比值确定，Z_j 的阻抗角就是 $\dot{U}_j$ 和 $\dot{I}_j$ 之间的相位差 Φ_j；

Z_{zd} 是继电器的整定阻抗，一般取继电器安装点到保护范围末端的线路阻抗作为整定阻抗。对全阻抗继电器而言，就是圆的半径，对方向阻抗继电器而言，就是在最大灵敏角方向上的圆的直径。而对偏移特性阻抗继电器，则是在最大灵敏角方向上由原点到圆周上的长度。

$Z_{dz.j}$ 是继电器的启动阻抗，它表示当继电器刚好动作时，加入继电器中电压 $\dot{U}_j$ 与电流 $\dot{I}_j$ 的比值，除全阻抗继电器以外，$Z_{dz.j}$ 是随着 Φ_j 的不同而改变的，当 $\Phi_j=\Phi_{lm}$ 时，$Z_{dz.j}$ 的数值最大，等于 Z_{zd}。

对上面阻抗的三种说法，一定要搞清它们的内在涵义，不能张冠李戴，除了要明确它们各自的定义外，还要清楚它们之间的联系。

三、方向阻抗继电器的死区及死区的消除方法

对于方向阻抗继电器，当保护出口短路时，故障线路母线上的残余电压将降低到零，即 $\dot{U}_m=0$。对幅值比较的方向阻抗继电器，其动作条件为：

$$\left|\frac{1}{2}\dot{I}_mZ_{set}\right| \geqslant \left|\dot{U}_m-\frac{1}{2}\dot{I}_mZ_{set}\right|, \tag{3-31}$$

当 $\dot{U}_m=0$ 时，该式变为：

$$\left|\frac{1}{2}\dot{I}_mZ_{set}\right| \geqslant \left|-\frac{1}{2}\dot{I}_mZ_{set}\right| \tag{3-32}$$

此时被比较的两个电压变为相等，理论上处于动作边界，实际上，由于继电器的执行元件动作需要消耗一定的功率，因此，在这样的情况下继电器不动作。对于相位比较的方向阻抗继电器，其动作条件为：

$$-90° \leqslant \arg\frac{\dot{I}_mZ_{set}-\dot{U}_m}{\dot{U}_m} \leqslant 90° \tag{3-33}$$

当 $\dot{U}_m=0$ 时，无法进行比相，继电器也不动作。这种不动作的范围，称为保护装置的"死区"。利用记忆回路和引入第三相电压减小和消除死区。

1. 记忆回路

对瞬时动作的距离 I 段方向阻抗继电器，在电压 $\dot{U}_m$ 的回路中广泛采用"记忆回路"的接线，即将电压回路看作是一个对 50Hz 工频交流的串联谐振回路，其原理接线图如图 3-15 所示，如图 3-16 所示是常用的实际接线之一。图 3-16 中，R_j、C_j、L_j 是在原幅值比较的测量电压 $\dot{U}_m$ 回路中接入一个串联谐振回路。取 $j\omega L=\dfrac{1}{j\omega C}$，则谐振回路中的电流 $\dot{I}_j$ 与外加测量

电压 $\dot{U}_m$ 同相位，所以在电阻 R_j 上的压降 U_R 也与外加电压 $\dot{U}_m$ 同相位，记忆电压 $\dot{U}_j$ 通过记忆变压器 T 与 $\dot{U}_m$ 同相位。

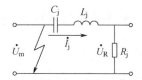

图 3-15 "记忆回路"的原理接线图

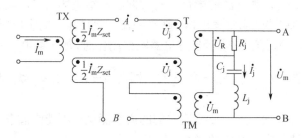

图 3-16 具有记忆的幅值比较的方向阻抗继电器电压形成回路

引入记忆电压以后，幅值比较的动边条件为：

$$\left| \frac{1}{2}\dot{I}_m Z_{set} + \dot{U}_j \right| \geqslant \left| \dot{U}_m - \frac{1}{2}\dot{I}_m Z_{set} + \dot{U}_j \right| \qquad （3-34）$$

在出口短路时，$\dot{U}_m = 0$，由于谐振回路的储能作用，记忆电压 $\dot{U}_j$ 在衰减到零之前存在，且与故障前 $\dot{U}_m$ 同相位。由于继电器记录了故障前的电压，故方向阻抗继电器消除了死区。

2．引入第三相电压

记忆回路只能保证方向阻抗继电器在暂态过程中正确动作，但它的作用时间有限。为了克服这一缺点，再引入非故障相电压。如图 3-17（a）所示为在方向阻抗继电器中引入第三相电压，并将第三相电压和记忆回路并用的方案。由图 3-17（a）可见，第三相电压为 C 相，它通过高阻值的电阻 R 接到记忆回路中 C_j 和 L_j 的连接点上。正常时，由于 $\dot{U}_{AB}$ 电压较高且 L_j、C_j 处于工频谐振状态，而 R 值又很大，使作用在 R_j 上的电流主要来自 $\dot{U}_{AB}$ 且是电阻性的，第三相电压 $\dot{U}_C$ 基本上不起作用。当系统中 AB 相发生突然短路时，$\dot{U}_{AB}$ 突然为零，此时记忆回路发挥了作用，使继电器得到一个和故障前 $\dot{U}_Y$ 相位相同的极化 $\dot{U}_j$ 电压，但它将逐渐衰减到零，这时第三相电压的作用表现出来，图 3-17（b）为图 3-17（a）在保护出口 AB 两相短路时，记忆电压消失后的等值电路。电阻 R 中的电流 $\dot{I}_R$ 与 $\dot{U}_{AB}$ 同相位，因为电阻 R 的数值远大于 $(R_j + \frac{1}{j\omega C_j}) // j\omega L_j$ 的值，而 $\dot{I}_R$ 在 R_j、C_j 支路中的分流为：

$$\dot{I}_{Cj} = \dot{I}_R \cdot \frac{jx_{Lj}}{R_j - jx_{Cj} + jx_{Lj}} \approx \dot{I}_R \frac{jx_{Lj}}{R_j} \qquad （3-35）$$

在电阻 R_j 上的压降

$$\dot{U}_R = \dot{I}_{Cj} R_j = j\dot{I}_R X_{Lj} \tag{3-36}$$

从向量图 3-17（c）中可以看出，$\dot{I}_{Cj}$ 超前 $\dot{I}_R$ 近 $90°$，电阻 R_j 上电压降 $\dot{U}_R$ 超前 $\dot{U}_{AC}$ $90°$，即极化电压与故障前电压 $\dot{U}_{AB}$ 同相位。因此，当出口两相短路时，第三相电压可以在继电器中产生和故障前电压 $\dot{U}_{AB}$（即 $\dot{U}_m$）同相的而且不衰减的极化电压 $\dot{U}_j$，以保证方向阻抗继电器正确动作，即能消除死区。

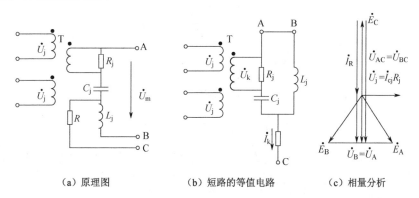

（a）原理图　　　　　（b）短路的等值电路　　　（c）相量分析

图 3-17　引入第三相电压产生极化电压的工作原理

3. 记忆电压对方向阻抗继电器特性的影响

（1）方向阻抗继电器的稳态特性

$$\left|\frac{1}{2}\dot{I}_m Z_{set} + \dot{U}_j\right| \geqslant \left|\dot{U}_m - \frac{1}{2}\dot{I}_m Z_{set} + \dot{U}_j\right| \tag{3-37}$$

（2）方向阻抗继电器的初态特性

相位比较的方向阻抗继电器在引入记忆电压以后，其动作与边界条件已变为：

$$\dot{I} = \frac{\dot{E}}{Z_x + Z_m}$$

①保护正方向短路

正方向短路时系统接线图如图 3-18 所示。

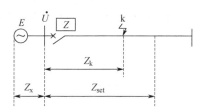

图 3-18　正方向短路时系统接线图

此处 Z_m 为 Z_k 和短路点过渡阻抗之和，从而有：

$$\dot{I}(Z_{set} - Z_m) = \frac{Z_{set} - Z_m}{Z_x + Z_m}\dot{E} \tag{3-38}$$

继电器动作条件为：

$$-90° \leqslant \arg\frac{Z_{set} - Z_m}{Z_x + Z_m} \cdot \frac{\dot{E}}{\dot{U}_j} \leqslant 90° \tag{3-39}$$

如果短路前为空载，则 $\dot{U}_{\mathrm{j}} = \dot{E}$ ，从而有

$$-90° \leqslant \arg \frac{Z_{\mathrm{set}} - Z_{\mathrm{m}}}{Z_{\mathrm{x}} + Z_{\mathrm{m}}} \leqslant 90° \tag{3-40}$$

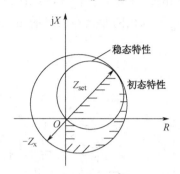

图 3-19　正向电路时的初态特性

如图 3-19 所示为正向电路时的初态特性，在记忆回路作用下的动态特性圆扩大了动作范围，而又不失去方向性，因此，对消除死区和减小过渡电阻的影响都是有利的。

②保护反方向短路

系统的接线及参数如图 3-20 所示，此时短路电流由 $\dot{E}'$ 供给，但仍假定电流的正方向由母线流向被保护线路，且 $Z_{\mathrm{x}}' > Z_{\mathrm{set}}$ ，因 $\dot{U}_{\mathrm{m}} = \dot{I} Z_{\mathrm{m}}$ ，$-\dot{I} = \dfrac{\dot{E}' - \dot{U}_{\mathrm{m}}}{Z_{\mathrm{x}}'}$ ，

$$(\dot{U}_{\mathrm{m}} - \dot{I} Z_{\mathrm{x}}') = \dot{E}', \ (\dot{I} Z_{\mathrm{m}} - \dot{I} Z_{\mathrm{x}}') = \dot{E}', \ \dot{I} = \frac{\dot{E}'}{Z_{\mathrm{m}} - Z_{\mathrm{x}}'} \tag{3-41}$$

若短路前是空载，则在记忆作用消失前，记忆电压 $\dot{U}_{\mathrm{j}} = \dot{E}'$ ，继电器的动作条件为

$$-90° \leqslant \arg \frac{\dot{I} Z_{\mathrm{set}} - \dot{I} Z_{\mathrm{m}}}{\dot{E}'} \leqslant 90° \tag{3-42}$$

将 $\dot{E}'$ 代入上式，得

$$-90° \leqslant \arg \frac{Z_{\mathrm{m}} - Z_{\mathrm{set}}}{Z_{\mathrm{x}}' - Z_{\mathrm{m}}} \leqslant 90° \tag{3-43}$$

此时继电器的动作特性为以向量（ $Z_{\mathrm{x}}' - Z_{\mathrm{set}}$ ）为直径所作的圆，如图 3-21 所示，圆内为动作区。

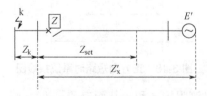

图 3-20　反方向短路时系统接线图

当反方向短路时，必须出现一个正的短路阻抗才可能引起继电器的动作，但实际上继电器测量到的是 $-Z_{\mathrm{d}}$ ，在第Ⅲ象限，因此，在反方向短路时的动态过程中，继电器有明确的方向性。

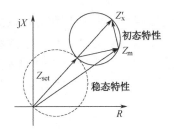

图 3-21　反向短路时的初态特性图

四、阻抗继电器的精工电流和精工电压

精工电流：当 $I_m = I_g$ 时，继电器的动作阻抗 $Z_{act} = 0.9Z_{set}$，即比整定阻抗缩小了 10%。因此，当 $I_m = I_g$ 时，就可以保证启动阻抗的误差在 10% 以内，而这个误差在选择可靠系数时，已经被考虑进去了。

精工电压：精工电流和整定阻抗的乘积：

$$U_g = I_g Z_{set} \tag{3-44}$$

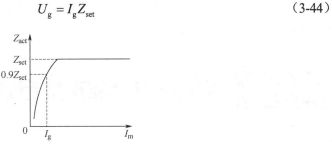

图 3-22　方向阻抗继电器的 $Z_{act} = f(I_m)$ 曲线

五、阻抗继电器交流回路的原理接线

1．电压形成回路

从 $Z_j = \dfrac{\dot{U}_j}{\dot{I}_j}$ 可知，阻抗继电器既要输入电压 $\dot{U}_j$，也要输入电流 $\dot{I}_j$，尽管 $\dot{U}_j$ 和 $\dot{I}_j$ 都是二次值，是通过电压互感器和电流互感器变换过来的，相对来说比较小，但是对于阻抗继电器来说，应该看成是一次值，该值也比较大，因此阻抗继电器里一般都还设置有 YB 变换器和电抗（或电流）变换器 DKB（或 LB），YB 的作用是将 $\dot{U}_j$ 输入的 100V 电压变换成更小的可调电压，DKB 的作用是将 $\dot{I}_j$ 的电流变换成二次更小的电流（或电压），然后送到后面去进行逻辑比较，因此把它们叫做电压形成回路（现在微机保护一般把它们叫做交流插件）。

2．极化（或记忆）回路

瞬时动作的距离 I 段方向阻抗继电器，广泛采用了"记忆回路"的接线，即将电压回路做成是一个对 50Hz 工频交流的串联谐振回路。"记忆回路"的作用在于：当外加电压突然由正常运行时的数值降低到零时，该回路的电流不是突然消失，而是按 50Hz 工频振荡，经过几个周波的时间后，逐渐衰减到零，由于这个电流和故障以前的电压基本为同相位，同时在衰减的过程中维持相位不变，因此，它相当于"记住"了故障以前电压的相位，阻抗继电器可以进行相位比较，故称为"记忆回路"。一般记忆时间只要大于距离Ⅰ段的动作时间就可以了。"记忆回路"的作用主要是为了消灭电压死区特别是三相门口短路的死区。

3. 比较回路

比较回路是将电压形成回路所获得的电压和极化回路所获得的极化电压按阻抗继电器的动作判据进行比较，看阻抗继电器是否应该动作。

4. 执行回路

根据比较回路比较的结果，如果阻抗继电器应该动作，则将动作信号输送出去的回路叫执行回路。对于整流型阻抗继电器，其执行回路为极化继电器；对于晶体管或集成电路型阻抗继电器，其执行回路为零指示器；对微机型阻抗继电器，其执行回路为所设计的程序。

第三节　阻抗继电器的接线方式

一、对距离保护接线方式的要求

根据距离保护的工作原理，加入继电器的电压和电流应满足：
①继电器的测量阻抗应能准确判断故障地点，即与故障点至保障安装处的距离成正比。
②继电器的测量阻抗应与故障类型无关，即保护范围不随故障类型而变化。
阻抗继电器的常用接线方式如表3-1所示。

表3-1　阻抗继电器的常用接线方式

接线方式 / 继电器	$\dfrac{\dot{U}_\Delta}{\dot{I}_\Delta}$ (0°)		$\dfrac{\dot{U}_\Delta}{-\dot{I}_Y}$ (30°)		$\dfrac{\dot{U}_\Delta}{\dot{I}_Y}$ (30°)		$\dfrac{\dot{U}_Y}{\dot{I}_Y + K3\dot{I}_0}$	
	$\dot{U}_K$	$\dot{I}_K$	$\dot{U}_K$	$\dot{I}_K$	$\dot{U}_K$	$\dot{I}_K$	$\dot{U}_K$	$\dot{I}_K$
K_1	$\dot{U}_{AB}$	$\dot{I}_A - \dot{I}_B$	$\dot{U}_{AB}$	$-\dot{I}_B$	$\dot{U}_{AB}$	$\dot{I}_A$	$\dot{U}_A$	$\dot{I}_A + K3\dot{I}_0$
K_2	$\dot{U}_{BC}$	$\dot{I}_B - \dot{I}_C$	$\dot{U}_{BC}$	$-\dot{I}_C$	$\dot{U}_{BC}$	$\dot{I}_B$	$\dot{U}_B$	$\dot{I}_B + K3\dot{I}_0$
K_3	$\dot{U}_{CA}$	$\dot{I}_C - \dot{I}_A$	$\dot{U}_{CA}$	$-\dot{I}_A$	$\dot{U}_{CA}$	$\dot{I}_C$	$\dot{U}_C$	$\dot{I}_C + K3\dot{I}_0$

二、反应相间短路阻抗继电器的 0° 接线

前面我们已经说过，相间阻抗继电器一般采用方向圆特性的方向阻抗继电器，而且主要反映三相短路、两相短路和两相接地短路，这种阻抗继电器广泛采用 0° 接线方式。所谓 0°

接线，就是当阻抗继电器加入的电压和电流为 $\dot{U}_{AB}$ 和 $\dot{I}_A - \dot{I}_B$ 时，我们称之为 0° 接线，和前面说过的相间功率方向继电器的 90° 接线方式一样，并没有什么实际的物理意义。

1. 三相短路

如图 3-23 所示，由于三相对称，三个阻抗继电器 $K_1 \sim K_3$ 的工作情况完全相同，以 K_1 为例分析。设短路点至保护安装地点之间的距离为 L 千米，线路每千米的正序阻抗为 $Z_1\Omega$，则保护安装地点的电压：

$$\dot{U}_{AB} = \dot{U}_A - \dot{U}_B = \dot{I}_A Z_1 L - \dot{I}_B Z_1 L = (\dot{I}_A - \dot{I}_B)Z_1 L \tag{3-45}$$

$$Z_m^{(3)} = \frac{\dot{U}_{AB}}{\dot{I}_A - \dot{I}_B} = Z_1 L \tag{3-46}$$

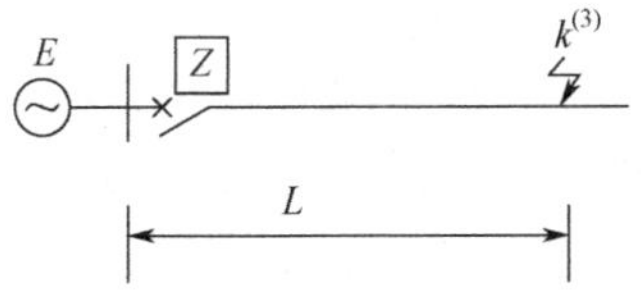

图 3-23　三相短路测量阻抗分析

三个继电器的测量阻抗均等于短路点到保护安装地点之间的正序阻抗，三个继电器均能正确动作。

2. 两相短路

设以 AB 两相短路为例，分析此时三个阻抗继电器的测量阻抗。对 K_1 而言

$$\dot{U}_{AB} = \dot{I}_A Z_1 L - \dot{I}_B Z_1 L = (\dot{I}_A - \dot{I}_B)Z_1 L \tag{3-47}$$

$$Z_m^{(2)} = \frac{\dot{U}_{AB}}{\dot{I}_A - \dot{I}_B} = Z_1 L \tag{3-48}$$

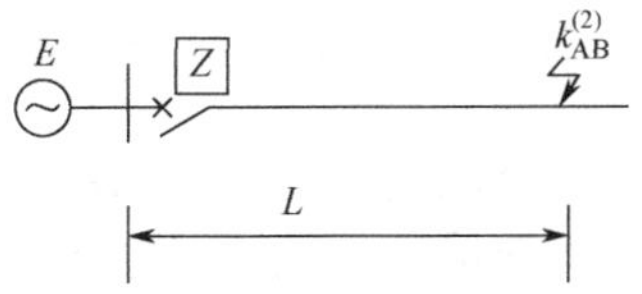

图 3-24　两相短路测量阻抗分析

K_1 能正确动作。K_2、K_3 测量阻抗大于 $Z_1 L$，不能动作。但 K_1 能正确动作，所以 K_2 和 K_3 拒动不会影响整套保护的动作。

3. 中性点直接接地电网中两相接地短路

继电器 K_1 的测量阻抗为

$$Z_m^{(1.1)} = \frac{\dot{U}_{AB}}{\dot{I}_A - \dot{I}_B} = \frac{(\dot{I}_A - \dot{I}_B)(Z_L - Z_M)L}{\dot{I}_A - \dot{I}_B}$$
$$= (Z_L - Z_M)L = Z_1 L \tag{3-49}$$

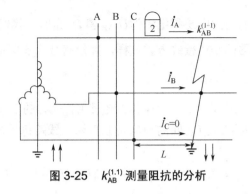

图 3-25 $k_{AB}^{(1,1)}$ 测量阻抗的分析

三、反应接地短路阻抗继电器的接线

在大接地电流系统中，零序电流保护不能满足要求时，一般采用接地距离保护。

单相接地故障时，只有故障相电压降低，电流增大，而任何相间电压都是很高的。因此应将故障相的电压和电流加入到继电器中，即采用表 3-1 所示的第四种接线方式。

在中性点直接接地的电网中，当零序电流保护不能满足要求时，一般考虑采用接地距离保护，接地距离保护一般反应单相接地故障。

在单相接地如 A 相接地时，这时故障相的电压降低，电流增大，如果将故障相的电压和电流加入 A 相阻抗继电器中，即

$$\dot{U}_j = \dot{U}_A ; \quad \dot{I}_j = \dot{I}_A$$

从理论上讲也是可以的，但这种接线是否能满足要求，要进行具体分析。

分析的结果是，继电器的测量阻抗为

$$Z_j = \frac{\dot{U}_j}{\dot{I}_j} = Z_1 l + \frac{\dot{I}_0}{\dot{I}_A}(Z_0 - Z_1)l \tag{3-50}$$

此阻抗值与 $\frac{\dot{I}_0}{\dot{I}_A}$ 比值有关，而这个比值因受中性点接地数目与分布的影响，并不等于常数，故继电器就不能准确地测量从短路点到保护安装地点之间的阻抗，因此不能采用。

为了使继电器的测量阻抗在单相接地时不受 $\dot{I}_0$ 的影响，根据以上分析的结果，就应该给阻抗继电器加入如下的电压和电流：

$$\dot{U}_j = \dot{U}_A$$

$$\dot{I}_j = \dot{I}_A + \dot{I}_0 \frac{Z_0 - Z_1}{Z_1} = \dot{I}_A + K3\dot{I}_0 \tag{3-51}$$

式中，$K = \frac{Z_0 - Z_1}{3Z_1}$，叫做零序补偿系数。根据 Z_0 和 Z_1 的关系，可以计算出 $K=0.67$，是一个实数，这样，继电器的测量阻抗将是

$$Z_j = \frac{\dot{U}_j}{\dot{I}_j} = \frac{Z_1 l(\dot{I}_A + K3\dot{I}_0)}{\dot{I}_A + K3\dot{I}_0} = Z_1 l \tag{3-52}$$

这样看来，这种接线能够正确地测量从短路点到保护安装地点之间的阻抗，并与相间短路的阻抗继电器所测量的阻抗为同一数值，因此这种接线得到了广泛的应用。为了反应任一

相的单相接地短路，接地距离保护也必须采用三个阻抗继电器，其接线方式分别为：$\dot{U}_A$、$\dot{I}_A + K3\dot{I}_0$；$\dot{U}_B$、$\dot{I}_B + K3\dot{I}_0$；$\dot{U}_C$、$\dot{I}_C + K3\dot{I}_0$。

这种接线方式同样能够反应于两相接地短路和三相短路，此时接于故障相的阻抗继电器的测量阻抗亦为 $Z_1 l$。

第四节　影响距离保护正确工作的因素及采取的防止措施

影响距离保护正确动作的因素很多，如电网的接线中可能具有分支电路，在 Y/△接线变压器后面发生短路，输电线路可能具有串联电容补偿，电力系统发生振荡，短路点具有过渡电阻，电流互感器和电压互感器的误差、过渡过程及二次回路断线等。

一、短路点过渡电阻对距离保护的影响

当短路点存在过渡电阻时，必然直接影响阻抗继电器的测量阻抗。例如，对如图 3-26（a）所示的单电源网络，当线路 L_2 的出线端经过 R_g 短路时，保护 1 的测量阻抗为 R_g，保护 2 的测量阻抗为 $Z_{AB} + R_g$。

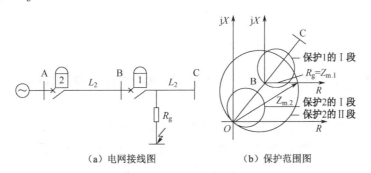

（a）电网接线图　　　（b）保护范围图

图 3-26　过渡电阻对不同安装地点距离保护的影响

由以上分析可见，保护装置距短路点越近时，受过渡电阻的影响越大，同时保护装置的整定值越小，则相对地受过渡电阻的影响也越大。

对双侧电源的网络，短路点的过渡电阻可能使测量阻抗增大，也可能使测量阻抗减小。

$$Z_{m.1} = \frac{\dot{U}_B}{\dot{I}_{k1}} = \frac{\dot{I}_k}{\dot{I}_{k1}} R_g = \frac{I_k}{I_{k1}} R_g e^{j\alpha} \tag{3-53}$$

$$Z_{m.2} = \frac{\dot{U}_A}{\dot{I}_{k1}} = Z_{AB} + \frac{I_k}{I_{k1}} R_g e^{j\alpha} \tag{3-54}$$

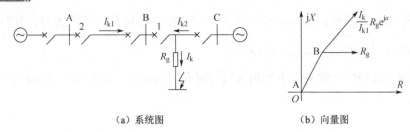

（a）系统图　　　　　　　　　　（b）向量图

图 3-27　双侧电源通过短路的接线图及阻抗电流向量图

当 α 为正时，测量阻抗增大，当 α 为负时，测量阻抗的电抗部分将减小。在后一种情况下，可能导致保护无选择性的动作。为了使阻抗继电器能正确动作，必须采取措施来消除或减小过渡电阻的影响。

短路点的过渡电阻主要是纯电阻性的电弧电阻 R_g，且电弧的长度和电流的大小都随时间而变化，在短路开始瞬间电弧电流很大，电弧的长度很短，R_g 很小。随着电弧电流的衰减和电弧长度的增长，R_g 随着增大，大约经 0.1～0.15s 后，R_g 剧烈增大。

为了减小过渡电阻对距离保护的影响，通常采用瞬时测定装置和应用带偏移特性的阻抗继电器。

瞬时测定装置原理图如图 3-28 所示。

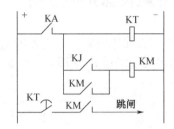

图 3-28　瞬时测定装置原理图

二、电力系统振荡对距离保护的影响及振荡闭锁回路

电力系统在正常运行时，所有接入系统的发电机都处于同步运行状态。当系统因短路切除太慢或因遭受较大冲击时，并列运行的发电机失去同步，系统发生振荡，振荡时，系统中各发电机电势间的相角差发生变化。因此，可能导致保护误动作。但通常系统振荡若干周期后可以被拉入同步，恢复正常运行。因此，距离保护必须考虑系统振荡对其工作的影响。

1．电力系统振荡时电流、电压的分布

如图 3-29 所示为简化系统等值电路图，当系统发生振荡时，设 $\dot{E}_M$ 超前于 $\dot{E}_N$ 的相位角为 δ，$\left|\dot{E}_M\right| = \left|\dot{E}_N\right| = E$。

且系统中各元件的阻抗角相等，则振荡电流为：

$$\dot{I}_{swi} = \frac{\dot{E}_M - \dot{E}_N}{Z_M + Z_L + Z_N} = \frac{\dot{E}_M - \dot{E}_N}{Z_\Sigma} \tag{3-55}$$

$$\dot{U}_{M} = \dot{E}_{M} - \dot{I}_{swi}Z_{M}$$

$$\dot{U}_{N} = \dot{E}_{N} + \dot{I}_{swi}Z_{N} \qquad (3\text{-}56)$$

$$\dot{U}_{Z} = \dot{E}_{M} - \dot{I}_{swi}\frac{1}{2}Z_{\Sigma}$$

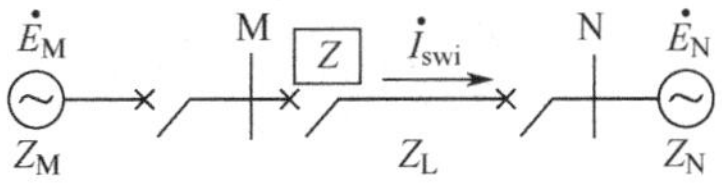

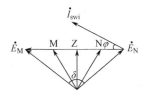

图 3-29　系统振荡的等值图

系统振荡的向量图如图 3-30 所示。系统振荡时 Z 点位于 $\frac{1}{2}Z_{\Sigma}$ 处。当 $\delta = 180°$ 时，$I_{swi} = \dfrac{2E}{Z_{\Sigma}}$ 达最大值，电压 $\dot{U}_{Z} = 0$，此点称为系统振荡中心。系统振荡时，振荡电流和各点电压的变化如图 3-31 所示。

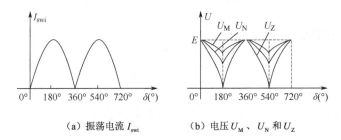

图 3-30　系统振荡的向量图

（a）振荡电流 I_{swi}　　　　　（b）电压 U_{M}、U_{N} 和 U_{Z}

图 3-31　系统振荡时，振荡电流和各点电压的变化

2. 电力系统振荡对距离保护的影响

系统振荡时，M 母线上阻抗继电器的测量阻抗为：

$$Z_{m\cdot M} = \frac{\dot{U}_{M}}{\dot{I}_{swi}} = \frac{\dot{E}_{M} - \dot{I}_{swi}Z_{M}}{\dot{I}_{swi}} = \frac{\dot{E}_{M}}{\dot{I}_{swi}} - Z_{M}$$

$$= \frac{\dot{E}_{M}}{\dot{E}_{M} - \dot{E}_{N}}Z_{\Sigma} - Z_{M} = \frac{1}{1 - e^{-j\delta}}Z_{\Sigma} - Z_{M} \qquad (3\text{-}57)$$

$$Z_{m.M} = (\frac{1}{2}Z_{\Sigma} - Z_{M}) - j\frac{1}{2}Z_{\Sigma}\mathrm{ctg}\frac{\delta}{2} \qquad (3\text{-}58)$$

如图 3-32 所示为系统振荡时，测量阻抗的变化。如图 3-33 所示为系统振荡时，变电站 M 处测量阻抗的变化图。

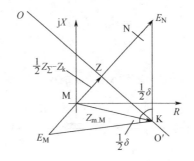

图 3-32　系统振荡时，测量阻抗的变化

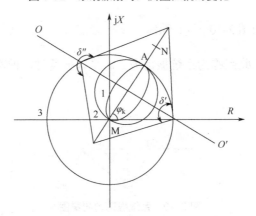

图 3-33　系统振荡时，变电站 M 处测量阻抗的变化图

3. 振荡闭锁回路

（1）利用负序（和零序）分量或其增量启动的振荡闭锁回路。

①负序电压滤过器

参数关系为 $R_1 = \sqrt{3}X_1$，$X_2 = \sqrt{3}R_2$。当输入端只有正序电压加入时，在 $m-n$ 端的空载输出电压为：

$$\dot{U}_{mn} = \dot{U}_{R1} + \dot{U}_{X2} = \frac{\sqrt{3}}{2}\dot{U}_{ab1}e^{j30°} + \frac{\sqrt{3}}{2}\dot{U}_{bc1}e^{-j30°} = 0 \qquad （3-59）$$

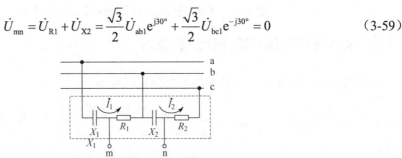

图 3-34　负序电压滤过器原理接线图

当输入端只有负序电压加入时，在 $m-n$ 端的空载输出电压为：

$$\dot{U}_{mn2} = \dot{U}_{R1} + \dot{U}_{X2} = \frac{\sqrt{3}}{2}\dot{U}_{ab2}e^{j30°} + \frac{\sqrt{3}}{2}\dot{U}_{bc2}e^{-j30°} = \frac{3}{2}\dot{U}_{ab2}e^{j60°} = 1.5\sqrt{3}\dot{U}_{a2}e^{j30°} \qquad （3-60）$$

当输入端只有零序电压加入时，在 $m-n$ 端的空载输出电压为：

$$\dot{U}_{mn0} = \dot{U}_{R1} + \dot{U}_{X2} = \frac{\sqrt{3}}{2}\dot{U}_{ab0}e^{j30°} + \frac{\sqrt{3}}{2}\dot{U}_{bc0}e^{-j30°} = 0 \tag{3-61}$$

②负序电流滤过器

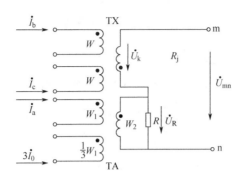

图 3-35 负序电流滤过器原理接线图

当输入端加入正序电流时，输出电压为：

$$\dot{U}_{mn1} = \frac{1}{n}\dot{I}_{a1}R - jZ_k(\dot{I}_{b1} - \dot{I}_{c1}) = \dot{I}_{a1}(\frac{R}{n} - \sqrt{3}Z_k) \tag{3-62}$$

当选取参数为 $R = n\sqrt{3}Z_k$ 时，则

$$\dot{U}_{mn1} = 0 \tag{3-63}$$

当只有零序电流输入时

$$\dot{U}_{mn0} = 0 \tag{3-64}$$

当只输入负序电流时，

$$\dot{U}_{mn} = \frac{1}{n}\dot{I}_{a2}R - jZ_k(\dot{I}_{b2} - \dot{I}_{c2}) = \dot{I}_{a2}(\frac{R}{n} + \sqrt{3}Z_k) = 2\frac{R}{n}\dot{I}_{a2} \tag{3-65}$$

（2）利用电气量变化速度的不同来构成振荡闭锁回路

系统振荡与发电机组转子运动有关，振荡过程中 $\dot{I}$、$\dot{U}$ 等诸电气量变化很慢，而突然短路将引起这些量的剧烈快速变化，因此振荡闭锁装置可根据这些电气量变化速度慢的特性构成，也可采用两个灵敏度不同的阻抗继电器，测定这两个继电器先后动作时间差值来区分短路与振荡，时间差值小的是短路，大的是振荡。

三、分支电流的影响

当短路点与保护安装处之间存在分支电路时，就出现分支电流，距离保护受到此分支电流的影响，其阻抗继电器的测量阻抗将增大或减小。

如图 3-36 所示电路，当在 BC 线路上的 k 点发生短路时，通过故障线路的电流 $\dot{I}_{BC} = \dot{I}_{AB} + \dot{I}_{A'B}$。此值将大于 $\dot{I}_{AB}$，这种使故障线路电流增大的现象，称为助增。这时在变电所 A 距离保护 1 的测量阻抗为：

$$Z_{m.1} = \frac{\dot{U}_A}{\dot{I}_{AB}} = \frac{\dot{I}_{AB}Z_{AB} + \dot{I}_{BC}Z_k}{\dot{I}_{AB}} = Z_{AB} + \frac{\dot{I}_{BC}}{\dot{I}_{AB}}Z_k = Z_{AB} + K_{bra}Z_k \tag{3-66}$$

式中，$K_{bra} = \dfrac{I_{BC}}{I_{AB}}$ 为分支系数。一般情况下，K_{bra} 为一复数，但在实用中可以近似认为两个电流同相位，而取为实数，在有助增电流时 $K_{bra}>1$。由于助增电流 $\dot{I}_{AB}$ 的存在，使保护 A 的测量阻抗增大，保护范围缩短。

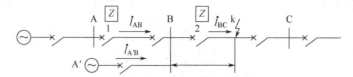

图 3-36　有助增电流的网络接线

又如图 3-37 所示电路，当在平行线路上的 k 点发生短路时，通过故障线路的电流 $\dot{I}_{BC}$ 将小于线路 A−B 中的电流 $\dot{I}_{AB}$。这种使故障线路中电流减小的现象称为外汲。

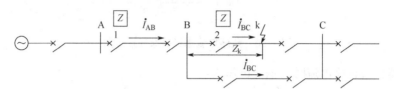

图 3-37　有外汲电流的网络接线

这时在变电所 A 距离保护 1 的测量阻抗为：

$$Z_{m.1}=\frac{\dot{U}_A}{\dot{I}_{AB}}=\frac{\dot{I}_{AB}Z_{AB}+\dot{I}_{BC}Z_k}{\dot{I}_{AB}}=Z_{AB}+\frac{\dot{I}_{BC}}{\dot{I}_{AB}}Z_k=Z_{AB}+K_{bra}Z_k \qquad (3\text{-}67)$$

式中，$K_{bra}=\dfrac{\dot{I}_{BC}}{\dot{I}_{AB}}$ 为分支系数。具有外汲电流时，$K_{bra}<1$，与无分支的情况相比，将使保护 1 的测量阻抗减小，保护范围增大，可能引起无选择性动作。

四、电压回路断线对距离保护的影响

当电压互感器二次回路断线时，距离保护将失去电压，这时阻抗元件失去电压而电流回路仍有负荷电流通过，可能造成误动作。对此，在距离保护中应装设断线闭锁装置。

第五节　距离保护的整定计算

以图 3-38 为例，说明三段式距离保护的整定计算。

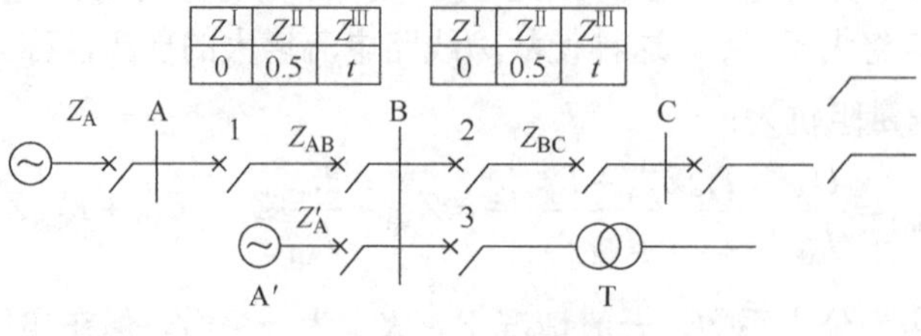

Z^{I}	Z^{II}	Z^{III}		Z^{I}	Z^{II}	Z^{III}
0	0.5	t		0	0.5	t

图 3-38　电力系统接线图

一、距离保护第 I 段的整定

1. 动作阻抗

对输电线路，按躲过本线路末端短路来整定，即取

$$Z^{\mathrm{I}}_{\mathrm{act}\cdot1} = K^{\mathrm{I}}_{\mathrm{rel}} Z_{\mathrm{AB}} \qquad (3\text{-}68)$$

式中，$K^{\mathrm{I}}_{\mathrm{rel}}$ 为可靠系数，取 0.8～0.85。

2. 动作时限

距离保护 I 段的动作时限是由保护装置的继电器固有动作时限决定的，人为延时为零，即 $t^{\mathrm{I}} \approx 0\,\mathrm{s}$。

二、距离保护第 II 段的整定

1. 动作阻抗

（1）与下一线路的第一段保护范围配合，并用分支系数考虑助增及外汲电流对测量阻抗的影响，即

$$Z^{\mathrm{II}}_{\mathrm{act}\cdot1} = K^{\mathrm{II}}_{\mathrm{rel}} \left(Z_{\mathrm{AB}} + K_{\mathrm{bra}} K^{\mathrm{I}}_{\mathrm{rel}} Z_{\mathrm{BC}} \right) \qquad (3\text{-}69)$$

式中，$K^{\mathrm{II}}_{\mathrm{rel}}$ 为可靠系数，取 0.8；K_{bra} 为分支系数，取相邻线路距离保护第一段保护范围末端短路时，流过相邻线路的短路电流与流过被保护线路的短路电流实际可能的最小比值，即 $K_{\mathrm{bra}} = \left(\dfrac{I_{\mathrm{BC}}}{I_{\mathrm{AB}}} \right)_{\min}$

（2）与相邻变压器的快速保护相配合，有

$$Z^{\mathrm{II}}_{\mathrm{act}\cdot1} = K^{\mathrm{II}}_{\mathrm{rel}} \left(Z_{\mathrm{AB}} + K_{\mathrm{bra}} Z_{\mathrm{B}} \right) \qquad (3\text{-}70)$$

式中，Z_{B} 为变压器短路阻抗；考虑到 Z_{B} 的数值有较大偏差，所以取 $K^{\mathrm{II}}_{\mathrm{rel}} = 0.7$；$K_{\mathrm{bra}}$ 也取实际可能的最小值。

取（1）、（2）计算结果中的较小者作为 $Z^{\mathrm{II}}_{\mathrm{act}\cdot1}$。

2. 动作时限

保护第 II 段的动作时限，应比下一线路保护第 I 段的动作时限大一个时限阶段，

$$t^{\mathrm{II}}_1 = t^{\mathrm{I}}_2 + \Delta t \approx \Delta t \qquad (3\text{-}71)$$

3. 灵敏度校验

$$K_{\mathrm{sen}} = \frac{Z^{\mathrm{II}}_{\mathrm{act}}}{Z_{\mathrm{AB}}} \geqslant 1.5 \qquad (3\text{-}72)$$

如灵敏度不能满足要求，可按照与下一线路保护第 II 段相配合的原则选择动作阻抗，即

$$Z^{\mathrm{II}}_{\mathrm{act}} = K^{\mathrm{II}}_{\mathrm{rel}} \left(Z_{\mathrm{AB}} + K_{\mathrm{bra}} Z^{\mathrm{II}}_{\mathrm{act}.2} \right) \qquad (3\text{-}73)$$

这时，第 II 段的动作时限应比下一线路第 II 段的动作时限大一个时限阶段，即

$$t^{II}_1 = t^{II}_2 + \Delta t \tag{3-74}$$

三、距离保护的第Ⅲ段的整定

1. 动作阻抗

按躲开最小负荷阻抗来选择，若第Ⅲ段采用全阻抗继电器，其动作阻抗为

$$Z^{III}_{act.1} = \frac{1}{K^{III}_{rel} K_{re} K_{ss}} Z_{load.min} \tag{3-75}$$

式中　K^{III}_{rel}——可靠系数，取 1.2～1.3；

　　　K_{re}——继电器返回系数，取 1.1～1.15；

　　　K_{ss}——考虑电动机自启动时的自启动系数；

　　　$Z_{load.min}$——最小负荷阻抗，$Z_{load.min} = \dfrac{0.9U_N}{\sqrt{3}I_{load.max}}$；

　　　$I_{load.max}$——被保护线路可能的最大负荷电流。

2. 动作时限

保护第Ⅲ段的动作时限较相邻与之配合的元件保护的动作时限大一个时限阶段，即

$$t^{III} = t^{III}_2 + \Delta t$$

3. 灵敏度校验

作近后备保护时

$$K_{sen·远} = \frac{Z^{III}_{act·1}}{Z_{AB} + K_{bra} Z_{BC}} \geqslant 1.2 \tag{3-76}$$

作远后备保护时

$$K_{sen·远} = \frac{Z^{III}_{act·1}}{Z_{AB} + K_{bra} Z_{BC}} \geqslant 1.2 \tag{3-77}$$

如果选取方向阻抗继电器的最大灵敏角，则方向阻抗继电器的动作阻抗为

$$Z^{III}_{act.1} = \frac{Z_{load.min}}{K^{III}_{rel} K_{re} K_{ss} \cos(\varphi_k - \varphi_{load})} \tag{3-78}$$

采用方向阻抗继电器时，保护的灵敏度比采用全阻抗继电器时可提高 $1/\cos(\varphi_k - \varphi_{load})$，如图 3-39 所示。

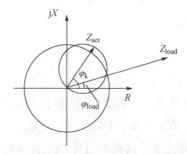

图 3-39　全阻抗继电器和方向阻抗继电器灵敏度比较

四、精确工作电流校验

为保证阻抗继电器的测量误差不超过 10%，要求流过距离保护的短路电流应大于每段阻抗继电器的最小精确工作电流，并有一定的裕度。裕度系数

$$K_y = \frac{I_{k \cdot min}}{I_g} \geqslant 1.5$$

式中　$I_{k \cdot min}$——流过保护的可能的最小短路电流；

　　　I_g——阻抗继电器的最小精确工作电流。

对于计算 $I_{k \cdot min}$ 时短路点的选取：精确计算时应选在各段保护范围的末端。通常对于距离Ⅰ段近似选在本线末端，第Ⅱ段近似选在相邻线路中间，第Ⅲ段近似选为相邻线路末端。

五、对距离保护的评价

1．主要优点

（1）能满足多电源复杂电网对保护动作选择性的要求。

（2）阻抗继电器是同时反应电压的降低与电流的增大而动作的，因此距离保护较电流保护有较高的灵敏度。其中Ⅰ段距离保护基本不受运行方式的影响，而Ⅱ、Ⅲ段仍受系统运行方式变化的影响，但比电流保护要小些，保护区域和灵敏度比较稳定。

2．主要缺点

（1）不能实现全线瞬动。距离Ⅰ段是瞬时动作的，但是它只能保护线路全长的 80%～85%，因此，对双侧电源线路，两端合起来就使得在 30%～40% 的线路长度内的故障，不能从两端瞬时切除，在一端须经 0.5s 的延时才能切除，这对稳定有较高要求的超高压远距离输电系统来说是不能接受的。因而，在 220kV 及以上的网络中，不能作为主保护来应用。

（2）阻抗继电器本身较复杂，还增设了振荡闭锁装置、电压断线闭锁装置，因此，距离保护装置调试比较麻烦，可靠性也相对低些。

根据对距离保护的综合分析，距离保护还是优点大于缺点，因此在 110kV 及以上的大电流接地系统中，距离保护和电流保护一样，也是首选保护之一。

第六节　距离保护计算举例

【例 1】网络图如图 3-40 所示。

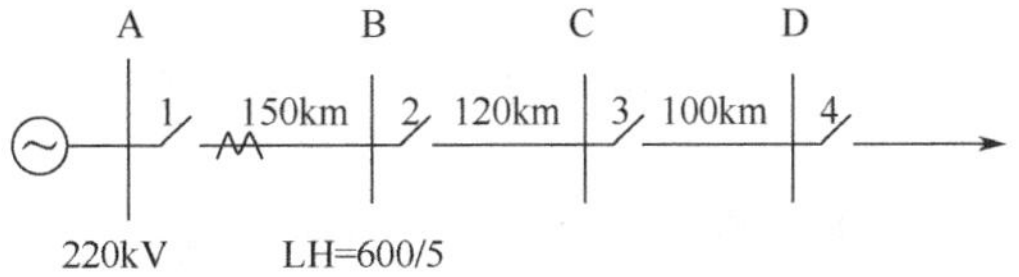

图 3-40　距离保护计算网络图

试求保护 1 的距离保护 I、II、III 段的二次整定阻抗及动作时限。I 段按本线路 80% 整定，II 段按本线路全长 + 相邻线路 20% 整定，III 段按本线路全长 + 相邻线路全长及 CD 线路的 30% 整定。若为整流型相间距离，DKB=2Ω，则 I、II、III 段的 YB 抽头分别是多少？（Z_b=0.4Ω/km）

解：（1）先求 I、II、III 段的一次阻抗。

$$Z^{I}=150×0.4×0.8=48Ω$$

$$Z^{II}=（150+24）×0.4=69.6Ω$$

$$Z^{III}=（150+120+30）×0.4=120Ω$$

（2）求 I、II、III 段的二次整定阻抗。

$$Z^{I}_{zd}=Z^{I}×\frac{120}{2200}=48×\frac{120}{2200}≈2.62Ω$$

$$Z^{II}_{zd}=Z^{II}×\frac{120}{2200}=69.6×\frac{120}{2200}≈3.8Ω$$

$$Z^{III}_{zd}=Z^{III}×\frac{120}{2200}=120×\frac{120}{2200}≈6.55Ω$$

（3）求 YB 抽头。

当 DKB=2Ω 时，

$$YB^{I}=100/\frac{2.62}{2}=76.3\%$$

$$YB^{II}=100/\frac{3.8}{2}=52.7\%$$

$$YB^{III}=100/\frac{6.55}{2}=30.5\%$$

（4）求动作时限

$$T^{I}=30ms，\quad T^{II}=0.5s，\quad T^{III}=1s。$$

【例 2】网络图如图 3-41 所示。

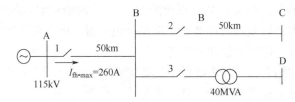

图 3-41　距离保护计算网络图

已知线路上装设有三段式距离保护，变压器装设有纵差保护（T=0），试对保护 1 的距离 III 段进行整定计算，求出动作值、灵敏度及动作时限。III 段采用全阻抗继电器（K_k=1.25，K_h=1.1，K_{zq}=1.6，Z_b=0.4Ω/km，$U_d^2\%$=10.5，T_2=2.5s，T_3=2s，$U_{fh.min}$=0.9U_e）

解：（1）求有关元件阻抗

$$Z_{AB}=Z_b×L_{AB}=0.4×50=20Ω$$

$$Z_B=U_d^2\%×\frac{U^2}{S_B}=0.105×\frac{115^2}{40}≈34.7Ω$$

（2）求距离 III 段定值，按躲开最小负荷阻抗来整定。

$$Z_{fh.min}=\frac{U_{fh.min}}{I_{fh.max}}=0.9\times\frac{115/\sqrt{3}}{0.26}=230\Omega$$

$$Z_{dz.1}=\frac{Z_{fh.min}}{K_kK_hK_{zq}}=\frac{230}{1.25\times1.1\times1.6}=104.5\Omega$$

校核灵敏度：因为采用全阻抗继电器，$Z_{dj.1}=Z_{zd}$，作近后备时，灵敏度应考虑本线路末端发生故障时：

$$K_{lm}=\frac{Z_{dz.1}}{Z_{AB}}=\frac{104.5}{20}=5.225>1.5 \qquad 满足要求 \qquad t_1^{III}=2.5+\Delta t=3s 。$$

作远后备与相邻线路相配合 $\qquad K_{lm}=\frac{Z_{dz.1}}{Z_{AB}+Z_{BC}}=\frac{104.5}{20+20}\approx2.6>1.2 \qquad$ 满足要求。

当与相邻变压器相配合 $\qquad K_{lm}=\frac{Z_{dz.1}}{Z_{AB}+Z_B}=\frac{104.5}{20+34.7}\approx1.91>1.2 \qquad$ 满足要求。

本章总结

本章对距离保护作了比较深入的研究，应着重掌握以下重点内容：

1. 掌握距离保护（也称阻抗保护）的基本概念，即距离保护的定义、各段的整定原则、保护范围以及时限特性。

2. 阻抗继电器是构成距离保护的核心元件，其主要作用是测量短路点到保护安装地点之间的距离（或阻抗），它是一种欠量动作的继电器，而且由于它要同时输入电压和电流，因此它是多激励量继电器，本章我们只研究最简单而且用得最多的单相式阻抗继电器。

3. 在复数平面分析圆或直线特性阻抗继电器，对三种典型圆特性（全阻抗、方向阻抗、偏移阻抗）要分别会用幅值比较方式和相位比较方式写出它们的动作判据和画出它们的向量图，并了解这三种圆特性之间有何内在的关系，了解直线特性阻抗继电器的典型代表——四边形特性的构成原则及特点和应用。

4. 掌握阻抗继电器交流回路的原理接线：①电压形成回路，②极化（或记忆）回路，③比较回路，④执行回路的基本概念以及它们的作用。

5. 几种基本阻抗的意义和区别。包括一次短路（或故障）阻抗 Z_d、二次测量阻抗 Z_j、继电器的整定阻抗 Z_{zd}、继电器的启动阻抗 $Z_{dz.j}$，要明确它们的定义和各自之间的关系，特别要知道一次阻抗 Z_d 和二次测量阻抗转换的计算公式。

6. 了解相间阻抗继电器的 0° 接线方式和接地阻抗继电器零序电流补偿法接线方式，为什么采用这种接线方式？

7. 影响距离保护正确工作的因素有哪些？分别采用什么方式加以防止？

8. 如何评价距离保护？距离保护的应用情况怎样？

第四章
输电线纵联保护

第一节　输电线纵联差动保护

一、问题的提出

前几章中讲述的电流电压保护和距离保护原理用于输电线路时，只需将线路一端的电流电压经过互感器引入保护装置，比较容易实现。但由于互感器传变的误差，线路参数值的不精确性以及继电器本身的测量误差等原因，这种保护装置可能将被保护线路对端所连接的母线上的故障，或母线所连接的其他线路出口处的故障，误判断为本线路末端的故障而将被保护线路切断。为了防止这种非选择动作，不得不将这种保护的无时限保护范围缩短到小于线路全长。电流速断整定为线路全长的 60% 左右，距离 I 段定值整定为线路全长的 80%~85%，对于其余的 40% 或 15%~20% 线路段上的故障，只能带第 II 段的时限切除，为了保证故障切除后电力系统的稳定运行，这样做对于某些重要线路是不能允许的。在这种情况下，只能采用所谓的纵联保护原理保护输电线路，以实现线路全长范围内故障的无时限切除。

二、前提及定义

在介绍纵联保护之前，除了以前规定的电流正方向仍然是从母线指向线路外，还要提出两个条件：一是两端要有电源，二是要有通信通道。

所谓输电线的纵联保护，就是用某种通信通道（简称通道）将输电线两端的保护装置纵向连接起来，将各端的电气量（电流、功率的方向等）传送到对端，将两端的电气量比较，以判断故障在本线路范围内还是范围之外，从而决定是否切断被保护线路。因此，纵联保护应该是属于第二类继电保护，理论上这种纵联保护具有绝对的选择性。而且只要是在保护范围内的各点故障，都能快速切除，因此，纵联保护都可以做主保护。

三、纵联保护的基本原理

保护原理的本质是甄别系统正常和故障状态下电气量或非电气量之间的差别，纵联保护也不例外。输电线路的纵联保护就是利用线路两端的电气量在故障与非故障时的特征差异构成的。当线路发生区内故障、区外故障时，电力线两端电流波形、功率、电流相位以及两端的测量阻抗都有明显的差异，利用这些差异就可以构成不同原理的纵联保护。

1. 两侧电流量特征

当线路发生内部故障时，如图 4-1（a）所示，有 $\Sigma \dot{I} = \dot{I}_M + \dot{I}_N = \dot{I}_{k1}$，在故障点有较大短路电流流出；当线路发生区外短路故障或正常运行时，如图 4-1（b）所示，线路两端电流相量关系为 $\Sigma \dot{I} = \dot{I}_M + \dot{I}_N = 0$

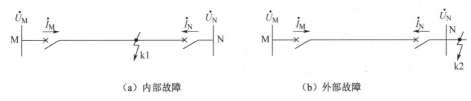

（a）内部故障　　　　　　　　　　（b）外部故障

图 4-1　双端电源线路区内、区外故障示意图

2. 两侧电流相位特征

两端输电线路，若全系统阻抗角均匀，且两端电动势角相等，则当线路 MN 发生区内短路故障时，两侧电流同相位，即相位差为 0°；而当正常运行或发生区外短路故障时，两侧电流反相，即电流相位差为 180°。

3. 两侧功率方向特征

当线路上发生区内故障和区外故障时，输电线两端的功率方向也有很大差别。令功率正方向由母线指向线路，则线路发生区内故障时，两端功率方向都由母线流向线路，两端功率方向相同，同为正方向；而发生区外故障时，远故障点端功率由母线流向线路，功率方向为正，近故障点端功率由线路流向母线，功率方向为负，两端功率方向相反。

4. 两侧测量阻抗值特征

当线路区内短路时，输电线路两端的测量阻抗都是短路阻抗，一定位于距离保护 Ⅱ 段的动作区内，两侧的 Ⅱ 段同时启动；当正常运行时，两侧的测量阻抗是负荷阻抗，距离保护 Ⅱ 段不会启动；当发生外部短路时，两侧测量阻抗也是短路阻抗，但一侧为反方向，若采用方向特性的阻抗继电器，则至少有一侧的距离 Ⅱ 段不会启动。

四、纵联保护的分类

纵联保护按照所利用信息通道的不同类型可以分为导引线纵联保护、电力线载波纵联保护、微波纵联保护和光纤纵联保护四种。

纵联保护按照保护动作原理，可以分为方向比较式纵联保护和纵联电流差动保护两类。

五、输电线路纵联保护的通信通道

1．导引线通道

（1）概念

导引线通道是纵联保护最早使用的通信通道，是由和被保护线路平行敷设的金属导线构成，用来传递被保护线路各侧信息的通信通道。将线路两端电流互感器二次电流直接通过专门铺设的导引线传送至对端保护二次回路，成为导引线纵联保护。

（2）特点

①信息无须加工，直接传送至对端，因而基本不存在同步问题。

②保护原理一般采用电流差动原理，故也称导引线差动保护。

③简单可靠，不受系统运行方式影响，不受振荡影响。

（3）缺点

①需铺设专门的导引线，投资高，互感器二次负载较大。

②导引线本身的故障，会引起保护的拒动或误动。

（4）应用

高压电网超短线路（几公里或十几公里）。

2．电力线载波（高频）通道

采用输电线路本身作为信息传输媒介，在传输电能的同时完成两端信息的交换。

（1）通道的构成

电力线载波通道构成示意图如图4-2所示。

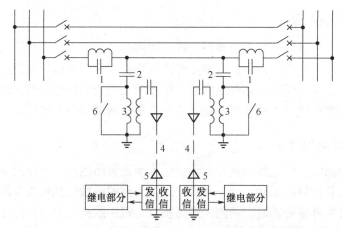

1．阻波器；2．结合电容器；3．连接滤波器；4．电缆；5．高频收发信；6．刀闸

图4-2　电力线载波通道构成示意图

①阻波器：阻波器是由一个电感线圈与可变电容器并联组成的回路，阻波器阻抗特性如图4-3所示。

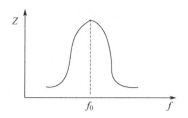

图 4-3 阻波器阻抗特性

②结合电容器：结合电容器与连接滤过器共同配合将载波信号传递至输电线路，同时使高频收、发信机与工频高压线路绝缘。

③连接滤波器：连接滤波器由一个可调节的空芯变压器及连接至高频电缆一侧的电容器组成。

④高频收、发信机：发信机部分由继电保护装置控制，通常都是在电力系统发生故障时，保护启动之后它才发出信号。

（2）电力线载波通道特点

①工作带宽窄：50～400kHz。过低易受工频干扰，过高衰耗太大。

②无中继通信距离长，可达几百公里。

③经济方便，无须铺设其他信道，可与输电线路同步建设。

④通信速率低，仅适合传送逻辑信号。因而适合于纵联方向、纵联距离、纵联分相差动保护。

（3）电力线载波通道工作方式

①正常有高频电流方式（长期发信方式）。

②正常无高频电流方式（故障启动发信方式）。

③移频方式。

（4）高频信号的分类

①闭锁信号。逻辑框图如图 4-4（a）所示。

②允许信号。逻辑框图如图 4-4（b）所示。

③跳闸信号。逻辑框图如图 4-4（c）所示。

注意：高频电流≠高频信号

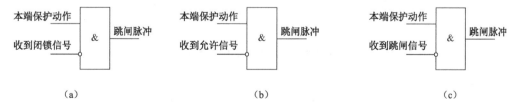

图 4-4 不同性质信号和保护的配合关系

3．微波通道

（1）微波通道构成

微波通道构成示意图如图 4-5 所示。

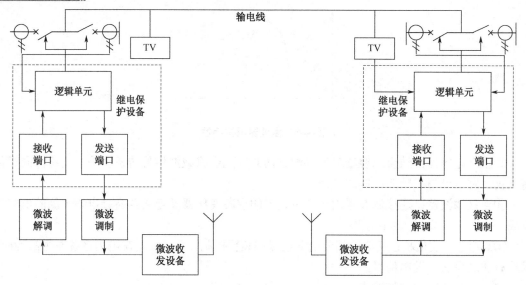

图 4-5　微波通道构成示意图

（2）微波纵联保护的特点

①通信通道独立于输电线路，通道的检修不影响输电线路运行。同时，输电线路的任何故障都不会使通道工作破坏，可以传送内部故障时的允许信号和跳闸信号。

②通信频带宽，300MHz～30000MHz，传输速度快可以实现纵联电流分相差动保护。

③受外界干扰的影响小，工业、雷电等干扰的频谱基本上不在微波频段内，通信误码率低，可靠性高。

④传输距离有限，需加微波中继站，通道价格较贵。

4．光纤通道

（1）光纤通信的构成

光纤通道的构成如图 4-6 所示。

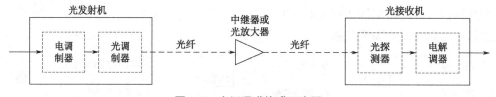

图 4-6　光纤通道构成示意图

（2）光纤通信的特点

①通信容量大。目前一对光纤一般可通过几百路到几千路。

②可以节约大量金属材料，光纤通信的经济性佳。

③光纤通信还有保密性好，敷设方便，不怕雷击，不受外界电磁干扰，抗腐蚀和不怕潮等优点。

④光纤最重要的特性之一是无感应性能，因此利用光纤可以构成无电磁感应的和极为可靠的通道。

⑤通信距离有限，一般超过 100km 需加装中继。

光纤通道将成为未来电网的主要通信方式。

六、结论

从上面的分析还可以看出，这种用辅助导线作为通信通道的输电线纵联差动保护，有一定的局限性，如果输电线路很长，为了装设纵联差动保护，还得架设很长的辅助导线，这在技术上是不可能的，也是很不经济的。所以，这种差动保护只适合于短线路和电压等级比较低的系统。为了减少所需导引线的根数，在输电线纵差保护中，一般都采用电流综合器（ΣI），将三相电流合成一单相电流，然后传送到对端进行比较。也就是说，从现在开始，我们将主要研究差动保护，无论是输电线差动，还是变压器差动、发电机差动以及母线差动，既然它们都是差动保护，因此其基本工作原理都是一样的，其共性就看差动回路有没有工作电流，都是作为主保护。但同时它们又有各自的特点，这些以后将会分别介绍。

第二节　输电线的高频保护

一、问题的提出

上一节我们提到的用辅助导线作为通信通道的输电线纵联差动保护只适合于低电压系统的短线路，如果高电压等级的长输电线路要装纵联保护怎么办？一般采用高频保护。

二、高频保护的基本概念

1. 定义

高频保护是以输电线载波通道作为通信通道的纵联保护。高频保护广泛应用于高压和超高压输电线路，是比较成熟和完善的一种无时限快速原理保护。

2. 分类

目前广泛采用的高频保护，按其工作原理的不同可以分为两大类，即方向高频保护和相差高频保护。方向高频保护的基本原理是比较被保护线路两端的功率方向；而相差高频保护的基本原理则是比较两端电流的相位。在实现以上两类保护的过程中，都需要解决一个如何将功率方向或电流相位转化为高频信号，以及如何进行比较的问题。

三、高频通道的构成原理

前面我们已经提到高频保护最大的特点是用输电线路本身作为通信通道，当然除了输电线路以外，高频保护所用的载波通道，还需要一些辅助设备，而且是输电线路两侧分别有两个完全相同的半套，才能构成一套完整的高频通道。这些辅助设备包括：

（1）阻波器；

（2）结合电容器；

（3）连接滤过器；

（4）高频电缆；

（5）高频收、发信机等。

四、高频通道的工作方式和高频信号的作用

高频通道的工作方式可以分为经常无高频电流和经常有高频电流两种方式，或者故障时发信和长期发信两种方式。

在这两种工作方式中，以其传送的信号性质为准，又可以分为传送闭锁信号、允许信号和跳闸信号三种类型。

应该指出，必须注意将"高频信号"和"高频电流"区别开来。所谓高频信号是指线路一端的高频保护在故障时向线路另一端的高频保护所发出的信息或命令。因此，在经常无高频电流的通道中，当故障时发出的高频电流固然代表一种信号，但在经常有高频电流的通道中，当故障时将高频电流停止或改变其频率也代表一种信号，这一情况就表明了"信号"和"电流"的区别。

1．闭锁信号

闭锁信号指收不到这种信号是高频保护动作跳闸的必要条件。

2．允许信号

允许信号指收到这种信号是高频保护动作跳闸的必要条件。

3．跳闸信号

跳闸信号指收到这种信号是保护动作于跳闸的充分而必要条件。

五、高频保护举例

1．高频闭锁方向保护的基本原理

目前广泛应用的高频闭锁方向保护，是以高频通道经常无高频电流而在外部故障时发出闭锁信号的方式构成的。此闭锁信号由短路功率方向为负的一端发出，这个信号被两端的收信机所接收，而把保护闭锁，故称高频闭锁方向保护。用如图 4-7 所示的系统故障情况来说明保护装置的工作原理。

设故障发生于线路 BC 的范围以内，则短路功率 S_d 的方向如图 4-7 所示。此时安装在线路 BC 两端的方向高频保护 3 和 4 的功率方向为正，保护应动作于跳闸。故保护 3 和 4 都不发出高频闭锁信号，因而两端都收不到高频闭锁信号，在保护启动后，即可瞬时动作，跳开两端的断路器。但对非故障线路 AB 和 CD，其靠近故障点一端的功率方向为由线路流向母线，即功率方向为负，则该端的保护 2 和 5 发出高频闭锁信号。此信号一方面被自己的收信

机接收，同时经过高频通道把信号送到对端的保护 1 和 6，使得保护装置 1、2 和 5、6 都被高频信号闭锁，保护不会将线路 AB 和 CD 错误地切除。

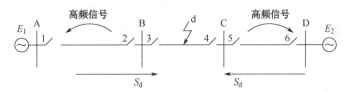

图 4-7 高频闭锁方向保护的作用原理

2. 高频闭锁距离保护和高频闭锁零序方向电流保护

我们以高频闭锁距离保护为例来说明其工作原理，见图 4-8。

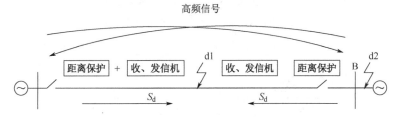

图 4-8 高频闭锁距离保护的工作原理

当区内 d1 点故障时：

（a）QDJA 动作，启动发信，闭锁两　　QDJB 动作，启动发信，闭锁
　　　侧保护　　　　　　　　　　　　　两侧保护

（b）3ZKJA（作方向元件）正方向　　　3ZKJB（作方向元件）正方向
　　　动作，启动停信，允许跳闸　　　动作，启动停信，允许跳闸

当区外 d2 点故障时：

（a）QDJA 动作，启动发信，闭锁两　　QDJB 动作，启动发信，闭锁
　　　侧保护　　　　　　　　　　　　　两侧保护

（b）3ZKJA 仍是正方向动作，启动　　　3ZKJB 为反方向不动作，不能
　　　停信　　　　　　　　　　　　　　停止发信，即继续发高频闭锁信号，两侧收
　　　　　　　　　　　　　　　　　　　信机都收到高频闭锁信号，断路器不能跳闸

相关链接：

（1）高频闭锁零序电流方向保护的工作原理和高频闭锁距离保护完全一样，只是它的起信元件是由灵敏度高的电流元件担任（这就是 WXH-800 系列的微机线路保护中零序电流为什么分六段的原因），而停信元件就直接用零序功率方向元件就可以了。

（2）在高频闭锁距离保护中，1ZKJ、2ZKJ、3ZKJ 都是方向阻抗继电器，都可以做方向元件用，为什么要 3ZKJ 作为方向元件，而不用 1ZKJ 或 2ZKJ 作为方向元件？

这是在设计时需要考虑的问题，因为用 3ZKJ 作为方向元件以后，就不能再作阻抗测量元件了，也就是说，我们是以牺牲阻抗 III 段（后备段）而换取了一个全线范围内速动的高频闭锁距离保护，这是非常合算的。如果用 1ZKJ 去作方向元件，固然也可以构成高频闭锁距离保护，但距离保护 I 段就牺牲掉了，也就是说，以 80%的速动段去换取 100%的速动，实际上这是很不合算的。

（3）如果 1ZKJ、2ZKJ、3ZKJ 不是方向阻抗，而是全阻抗或偏移阻抗，能否来做方向判别元件，回答肯定是不行的，因为它们没有方向性，这就是相间距离保护为什么要采用方向阻抗继电器的原因。

3. 相差动高频保护

相差动高频保护其基本原理在于比较被保护线路两端短路电流的相位。在此仍采用电流的给定正方向是由母线流向线路。因此装于线路两端的电流互感器的极性应如图 4-9（a）所示，这样，当保护范围内部 d1 点故障时，在理想情况下，两端电流相位相同，如图 4-9（b）所示，两端保护装置应动作，使两端的断路器跳闸，而当保护范围外部 d2 点故障时，两端电流相位相差 180°，如图 4-9（c）所示，保护装置则不应动作。

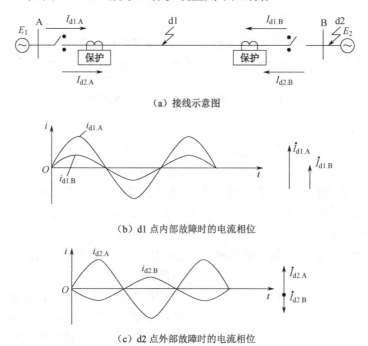

（a）接线示意图

（b）d1 点内部故障时的电流相位

（c）d2 点外部故障时的电流相位

图 4-9　相差动高频保护工作的基本原理

为了满足以上要求，当采用高频通道经常无电流，而在外部故障时发出高频电流（即闭锁信号）的方式构成保护时，在实际上可以做成当短路电流为正半周，使它操作高频发信机发出高频电流，而在负半周则不发，如此不断地交替进行。这样当保护范围内部故障时，由于两端的电流同相位，它们将同时发出闭锁信号也同时停止闭锁信号，因此，从两端收信机所收到的高频电流就是间断的，亦即为间断波。当保护范围外部故障时，由于两端电流的相位相反，两个电流仍然在它自己的正半周发出高频信号。因此，两个高频电流发出的时间就相差 180°，这样从两端收信机所收到的总信号就是一个连续不断的高频电流，亦即连续波。所以只要从收信机所收到的高频电流就可以判断，如果是间断波则是区内故障，如果是连续波则是区外故障。一侧保护随着另一侧保护动作而动作的情况被称为保护的"相继动作"，保护相继动作的一侧故障切除时间变慢。

相差高频保护有一系列重要优点，在输电线路纵联保护发展过程中起了重要作用，目前在国外仍有应用。我国实现保护微机化后，因相差高频保护比相的分辨率决定于采样率，在采样率为每周期 20 次时，两次采样之间的间隔为 18°，亦即比相的分辨率为 18°。这大大影响了相差高频保护的性能，因而没有得到应用。随着微机保护技术的发展，高采样率硬件在性价比逐渐提高后，微机相差高频保护必将重新得到广泛应用。

第三节 分相电流差动保护简介

WXH-803 微机分相电流差动保护也是一种纵联保护（但它不是高频保护），是适用于110kV 及以上输电线路的成套数字式保护装置，它是用光纤作为通信通道（传送数字信号）。该装置是基于故障分量及稳态分量的分相电流差动保护及零序电流差动保护构成全线速动主保护，由三段式相间距离和接地距离以及六段零序电流方向保护构成后备保护，并配有自动重合闸。差动保护可以进行短窗相量算法实现快速动作。下面简单介绍其工作原理，如图 4-10 所示。

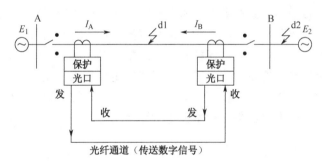

图 4-10 分相电流差动保护的基本工作原理

动作判据为：

（1）$|\dot{I}_A + \dot{I}_B| > I_{dz}$

（2）$|\dot{I}_A + \dot{I}_B| > K|\dot{I}_A - \dot{I}_B|$

式中，K 为制动系数，一般取 $K=0.6$ 左右，I_{dz} 为动作门坎。

当区内 d1 点故障时：

式（1）、（2）都能成立，则差动保护动作，跳两侧断路器。

当区外 d2 点故障（包括正常运行）时：

则式（1）、（2）将分别变成式（3）、（4），即为：

（3）$|\dot{I}_A - \dot{I}_B| < I_{dz}$

（4）$|\dot{I}_A - \dot{I}_B| < K|\dot{I}_A + \dot{I}_B|$

即为判据（1）、（2）不成立，差动保护不动作。而此时由于是区外故障或正常运行状态，差动保护不动作是正确的。

由于分相电流差动保护具有很多优点，因此广泛用于 110kV 及以上的电力系统中。

①动作速度快，整组动作时间不大于 20ms；

②被保护线段范围内各种类型故障有正确选择性，能正确选相跳闸；

③适用于同杆并架双回线路；

④设有电流互感器和电压互感器二次回路断线闭锁，可靠不误动；

⑤在系统发生振荡时不会误动作，振荡中发生故障能正确快速动作；

⑥对 500kV 线路，接地电阻不大于 300Ω 能可靠切除故障；对 220kV 线路，接地电阻不大于 100Ω 能可靠切除故障；

⑦具有一次自动重合闸。

第四节　输电线纵联保护的发展趋势

电力系统的发展使网络结构日趋复杂化和多样化。远距离、重负荷、超高压输电线路将大量出现，长、短线路相联结的复杂环网也将大量出现，还将出现同杆并架多回线。由于系统联系日趋紧密，一处故障，势必影响广大地区的供电，所以故障必须快速切除。这些输电线只能采用纵联保护作为主保护。因此，输电线纵联保护必将得到大量应用。此外，由于微机技术的迅速发展，以及电力系统通信技术的进步，纵联保护所需要依靠的通信手段也越来越先进，因此也将不断出现新的纵联保护，纵联保护的原理将不断得到发展与完善。上一节介绍的 WXH-803 微机分相电流差动保护就是最近推出的一种用光纤作为通信通道的纵联保护。由于光纤通信具有通信容量大，不受电磁干扰等重要优点，光纤保护已经成为线路纵联差动保护的主要形式。可以设想，在可预见的未来，微波、卫星等这些现代化通信技术为输电线纵联保护提供广阔的发展前景，也将使电力系统运行的安全性和可靠性提高到一个崭新的水平。

本章总结

本章学习了输电线路纵联保护，这是与前面介绍的电流保护和距离保护不同的，它是属于第二类保护，是通过两端测量和比较的 100%全线速断的保护。要着重掌握以下几点：

1. 纵联保护的前提和定义是什么？

2. 输电线路纵联差动保护的基本工作原理是什么？

3. 输电线路高频保护的基本概念、特点及其分类。

4. 高频载波通道的构成原理及主要组成元件的名称、特点及作用。

5. 高频通道的工作方式和高频信号的作用是什么？对闭锁信号、允许信号和跳闸信号三种工作方式的定义、特点等有所了解。

6. 掌握书中所介绍的几种高频保护的接线及其工作原理的分析。

7. 了解 WXH-803 分相电流差动保护的工作原理、动作判据、主要优点及应用范围。

第五章
自动重合闸

一、自动重合闸在电力系统中的应用

1. 电力系统中的故障

在电力系统的故障中，大多数是送电线路（特别是架空线路）的故障，因此，如何提高送电线路工作的可靠性，就成为电力系统中的重要任务之一。

电力系统的运行经验表明，架空线路故障大都是"瞬时性"的，例如，由雷电引起的绝缘子表面闪络，大风引起的碰线，通过鸟类以及树枝等物掉落在导线上引起的短路等，而这些引起故障的原因很快就消失了。此时如果把断开的线路断路器再合上，就能够恢复正常的供电，因此，称这类故障是"瞬时性故障"。除此之外，也有"永久性故障"，例如，由于线路倒杆、断线、绝缘子击穿或损坏等引起的故障，在线路被断开之后，它们依然是存在的。这时，即使再合上电源，由于故障依然存在，线路还要被继电保护再次断开，因而就不能恢复正常的供电。

2. 自动重合闸的定义

由于送电线路上的故障具有上面的性质，因此，在线路被断开以后再进行一次合闸，就有可能大大提高供电的可靠性。由运行人员手动进行合闸，固然也能实现上述作用，但由于停电时间过长，用户电动机多数已经停转，因此，其效果就不明显。为此在电力系统中采用了一种自动重合闸（缩写为 ZCH），即当断路器跳闸之后，能够自动地将断路器重新合闸的装置。应该说明，自动重合闸不是线路保护，而是一种自动装置，但是自动重合闸一定要和线路保护配合才有意义。

3. 重合闸的成功率

在线路上装设重合闸以后，由于它并不能判断是瞬时性故障还是永久性故障，因此，在重合以后可能成功（指瞬时性故障时），也可能不成功（指永久性故障时）。在继电保护统计中用重合成功的次数与总动作次数之比来表示重合闸的成功率，根据运行资料的统计，成功率一般在 60%～90%之间。

4．采用重合闸的技术经济效果

（1）大大提高供电的可靠性，减少线路停电的次数，特别是对单侧电源的单回线路更为显著；

（2）在高压输电线路上采用重合闸，还可以提高电力系统并列运行的稳定性；

（3）在电网的设计与建设过程中，有些情况下由于考虑重合闸的作用，即可以暂缓架设双回线路，以节约投资；

（4）对断路器本身由于机构不良或继电保护误动作而引起的误跳闸，也能起纠正的作用。

总之，对于重合闸的经济效益，应该用无重合闸时，因停电而造成的国民经济损失来衡量。由于重合闸装置本身的投资很低，工作可靠，因此，在电力系统中获得了广泛的应用。

二、对自动重合闸装置的基本要求

（1）在下列情况下，重合闸不应动作：

①由值班人员手动操作或通过遥控装置将断路器断开时；

②手动投入断路器，由于线路上有故障，而随即被继电保护将其断开时，或简单说手合断路器于故障线路。

（2）除上述条件外，当断路器由于继电保护动作或其他原因而跳闸后，重合闸均应动作，使断路器重新合闸。

（3）为了能够满足第（1）、（2）项所提出的要求，应优先采用由控制开关的位置与断路器位置不对应的原则来启动重合闸，即当控制开关在合闸位置而断路器实际上在断开位置的情况下，使重合闸启动。这样就可以保证不论是任何原因使断路器跳闸以后，都可以进行一次重合。当用手动操作控制开关使断路器跳闸以后，控制开关与断路器的位置仍然是对应的，因此，重合闸就不会启动。

（4）自动重合闸装置的动作次数应符合预先的规定。如一次式重合闸就应该只动作一次，当重合于永久性故障而再次跳闸以后，就不应该再动作。现在大部分情况都是采用一次重合闸。

三、三相自动重合闸

三相重合闸：不论在输、配线上发生单相短路还是相间短路时，继电保护装置均将线路三相断路器同时断开，然后启动自动重合闸同时合三相断路器的方式。若故障为暂时性故障，则重合闸成功；否则保护再次动作，跳三相断路器。这时，重合闸是否再重合要视情况而定。目前，一般只允许重合闸动作一次，称为三相一次自动重合闸装置。特殊情况下，可采用三相二次自动重合闸装置。

三相重合闸结构相对比较简单，保护出口可直接动作控制断路器，保护之间互为后备的性能较好。

单侧电源线路的三相重合闸要带有时限，因为在断路器跳闸后，要使故障点的电弧熄灭并使周围介质恢复绝缘强度是需要一定时间的,必须在这个时间以后进行合闸才有可能成功;在断路器动作跳闸后,其触头周围绝缘强度的恢复以及消弧室重新充满油需要一定的时间。

在双侧电源的送电线路上实现重合闸时,与单电源线路上的三相自动重合闸相比还必须考虑如下的特点:

(1)时间的配合。

(2)同期问题。当线路上发生故障跳闸以后,线路两侧电源之间的电势角会摆开,有可能失去同步。这时,后合闸一侧的断路器在进行重合闸时,应考虑两侧电源是否同步,以及是否允许非同步合闸的问题。

四、双侧电源送电线路重合闸的方式及选择原则

1. 双侧电源送电线路重合闸的特点

在双侧电源的送电线路上实现重合闸时,除应满足前面提出的各项要求外,还必须考虑如下的特点:

(1)当线路上发生故障时,两侧的保护装置可能以不同的时限动作于跳闸,例如,在一侧为第I段动作,另一侧为第II段动作,此时为了保证故障点电弧的熄灭和绝缘强度的恢复,以使重合闸有可能成功,线路两侧的重合闸必须保证在两侧的断路器都跳闸以后,再进行重合,在800系列微机保护中,重合闸动作时间有两个可供选择,即长延时为1秒,短延时为0.7秒;

(2)当线路上发生故障跳闸以后,常常存在着重合闸时两侧电源是否同步,以及是否允许非同步合闸的问题。

> **相关链接:**
> 两侧电源同步的条件:电压大小相等、相位相同、频率相同。

2. 双侧电源送电线路重合闸的选择

当非同步合闸的最大冲击电流超过允许值时,则不允许非同步合闸,此时必须检定两侧电源确实同步之后,才能进行重合,为此可在线路的一侧采用检查线路无电压而在另一侧采用检定同步的重合闸,如图5-1所示。

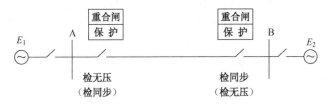

图 5-1 具有同步和无电压检定的重合闸接线示意图

但需注意:应该是先合侧检无压,后合侧检同步。

五、重合闸与继电保护的配合

1. 重合闸前加速保护

重合闸前加速保护方式一般用于具有几段串联的辐射形线路中,重合闸装置仅装在靠近电源的一段线路上,如图 5-2 所示。当线路上(包括相邻线路及以后的线路)发生故障时,靠近电源侧的保护首先无选择性地瞬时动作于跳闸,而后再靠重合闸来弥补这种非选择性动作。重合闸前加速保护方式主要适应于 35kV 以下由发电厂或重要变电所引出的直配线路上,以便快速切除故障,保护母线电压。

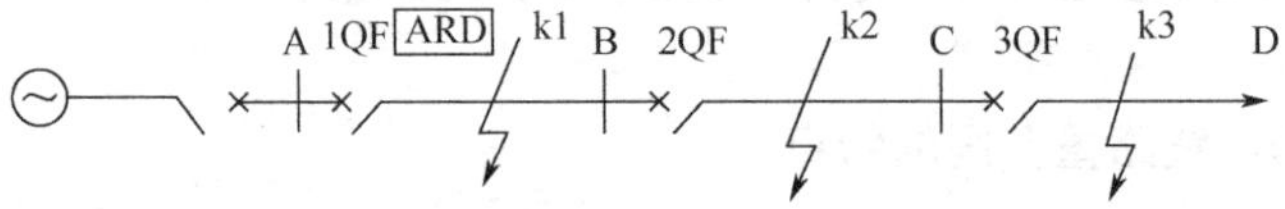

图 5-2　重合闸前加速保护动作的原理图

前加速保护的优点是:能快速切除瞬时性故障,使瞬时性故障来不及发展成为永久性故障,而且使用的设备少,只需一套 ARD 自动重合闸装置。

前加速保护的缺点是:重合于永久性故障时,再次切除故障的时间会延长,装有重合闸线路的断路器的动作次数较多,而且若此断路器的重合闸拒动,就会扩大停电范围,甚至在最后一级线路上发生故障,也可能造成全网络停电。

2. 重合闸后加速保护

自动重合闸后加速保护动作方式简称"后加速"。所谓后加速就是当线路第一次故障时,保护有选择性地动作,然后进行重合。如果重合于永久性故障上,则在断路器合闸后,再加速保护动作,瞬间切除故障,而且与第一次动作是否带有时限无关。很显然后加速肯定是加速带时限保护的 II、III 段,不会加速无时限保护 I 段,如图 5-3 所示。

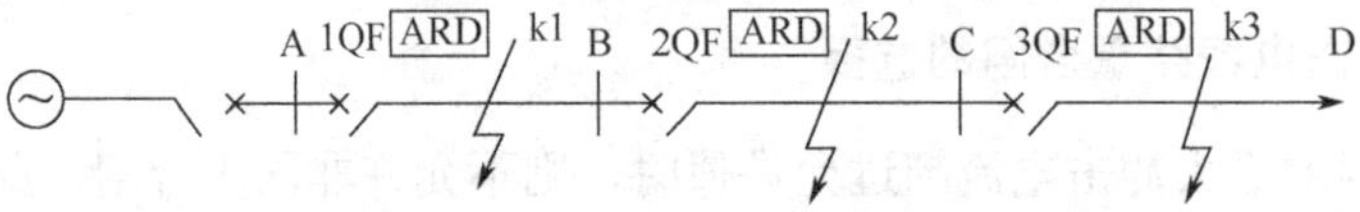

图 5-3　重合闸后加速保护动作的原理图

后加速保护的优点是:第一次是有选择性地切除故障,不会扩大停电范围,特别是在重要的高压电网中,一般不允许保护无选择性的动作而后以重合闸来纠正(即前加速的方式);保证了永久性故障能瞬时切除,并仍然是有选择性的;和前加速保护相比,使用中不受网络结构和负荷条件的限制,一般说来是有利无害的。

后加速保护的缺点是:每个断路器上都需要装设一套重合闸,与前加速相比较为复杂;第一次切除故障可能带有延时。

六、单相自动重合闸

以上所讨论的自动重合闸,都是三相式的,即不论送电线路上发生单相接地短路还是相间短路，继电保护动作后均使断路器三相断开，然后重合闸再将三相投入。

但是，在 220kV～500kV 的架空线路上，由于线间距离大，运行经验表明，其中绝大部分故障都是单相接地短路。在这种情况下，如果只把发生故障的一相断开，然后再进行单相重合，而未发生故障的两相仍然继续运行（即非全相运行），就能够大大提高供电的可靠性和系统并列运行的稳定性。这种方式的重合闸就是单相重合闸。所谓单相重合闸，就是指线路上发生单相接地故障时，保护动作只断开故障相的断路器，而未发生故障的其余两项仍可继续运行，然后进行单相重合。若故障为暂时性的，则重合闸后，便可恢复三相供电；如果故障是永久性的，而系统又不允许长期非全相运行，则重合后，保护动作，使三相断路器跳闸，不再进行重合。对于单相重合闸，关键是要确定故障相选择元件（简称选相元件）。对选相元件的基本要求如下：

（1）应保证选择性，即选相元件与继电保护相配合只跳开发生故障的一相，即只选择单相，而接于另外两相上的选相元件不应动作；

（2）在故障相末端发生单相接地短路时，接于该相上的选相元件应保证足够的灵敏度。

根据网络接线和运行的特点，常用的选相元件有如下几种：

（1）电流选相元件；

（2）低电压选相元件；

（3）阻抗选相元件；

（4）两相电流差突变量选相元件等。

对于电流、电压、阻抗选相元件在前面已经学习过，现在只对第四种选相元件简单说明一下。

相电流差突变量选相元件就是利用每两相的相电流之差构成三个选相元件，它们是利用故障时电气量发生突变的原理构成的。三个反应电流突变量的继电器所反应的电流分别为：

$$\mathrm{d}\dot{I}_{AB}=\mathrm{d}(\dot{I}_A-\dot{I}_B)$$

$$\mathrm{d}\dot{I}_{BC}=\mathrm{d}(\dot{I}_B-\dot{I}_C)$$

$$\mathrm{d}\dot{I}_{CA}=\mathrm{d}(\dot{I}_C-\dot{I}_A)$$

从上面 3 式可以看出，在单相接地故障时，与故障相有关的突变量元件动作，而反应非故障相电流差突变量元件不动作。例如，当发生 A 相接地故障时，突变量元件 $\mathrm{d}\dot{I}_{AB}$、$\mathrm{d}\dot{I}_{CA}$ 动作，选 A 相，而 $\mathrm{d}\dot{I}_{BC}$ 不动作；如发生 B 相接地故障时，突变量元件 $\mathrm{d}\dot{I}_{AB}$、$\mathrm{d}\dot{I}_{BC}$ 动作，选 B 相，而 $\mathrm{d}\dot{I}_{CA}$ 不动作；如发生 C 相接地故障，突变量元件 $\mathrm{d}\dot{I}_{BC}$、$\mathrm{d}\dot{I}_{CA}$ 动作，选 C 相，而 $\mathrm{d}\dot{I}_{AB}$ 不动作，见如图 5-4 所示用相电流差突变量继电器组成选相元件的逻辑框图。而在其他故障情况下，所有三个继电器都动作，即不选相。再一次说明选相元件只选单相故障。这实际上也好理解，即如果发生了相间故障，肯定是要跳三相，因此选相是没有意义的。

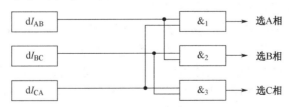

图 5-4 用相电流差突变量继电器组成选相元件的逻辑框图

3. 保护装置、选相元件与重合闸回路的配合关系

在单相重合闸的过程中，由于出现纵向不对称，因此将产生负序和零序分量，这就可能引起本线路以及系统中的其他保护的误动作。对于可能误动作的保护，应在单相重合闸动作时予以闭锁或整定保护的动作时限大于单相重合闸的周期时躲开。

为了实现对误动作保护的闭锁，在单相重合闸与继电保护相连接的输入端都设有两个端子，一个端子接入在非全相运行中不误动仍然能继续工作的保护，称为 N 端子；另一个端子则接入非全相运行中可能误动作的保护，称为 M 端子。

七、综合重合闸

在线路上设计自动重合闸装置时，将单相重合闸和三相重合闸综合在一起，当发生单相接地故障时，采用单相重合闸方式工作；当发生相间短路时，采用三相重合闸方式工作。综合考虑这两种重合闸方式的装置称为综合重合闸装置。

综合重合闸装置经过转换开关的切换，一般都具有单相重合闸、三相重合闸、综合重合闸和直跳等四种运行方式。在 110kV 及以上的高压电力系统中，综合重合闸已得到了广泛应用。

实现综合重合闸回路接线时，应考虑以下几个最基本的原则：

（1）单相接地故障跳单相，合单相。如重合不成功则跳开三相而不再进行重合。相间短路故障跳三相，合三相。如重合不成功仍跳开三相而不再进行重合。

（2）当选相元件拒绝动作时，应能跳开三相，合三相。

（3）任两相的分相跳闸继电器动作后，应联跳第三相，使三相断路器均跳闸。

（4）无论单相或三相重合闸，在重合不成功之后，均应考虑能加速切除三相，即实现重合闸后加速。

八、重合器与分段器

自动重合器是一种具有保护、检测、控制功能的自动化设备，具有不同时限的安秒曲线和多次重合闸功能，是一种集断路器、继电保护、操动机构为一体的机电一体化新型电器。它可自动检测通过重合器主回路的电流，当确认是故障电流后，持续一定时间按反时限保护自动开断故障电流，并根据要求多次自动地重合，向线路恢复供电。如果故障是瞬时性的，重合器重合后线路恢复正常供电；如果故障是永久性故障，重合器将完成预先整定的重合次数后，确认线路故障为永久性故障，则自动闭锁，不再对故障线路送电，直至人为排除故障后，重新将重合器合闸闭锁解除，恢复正常状态。

分段器是配电系统中用来隔离故障线路的自动保护装置，通常与自动重合器或断路器配合使用。分段器不能断开故障电流。当分段线路发生故障时，分段器的后备保护重合器或断路器动作，分段器的计数功能开始累计重合器的跳闸次数。当分段器达到预定的记录次数后，在后备装置跳开的瞬间自动跳闸分断故障线路段。重合器再次重合，恢复其他线路供电。若重合器跳闸次数未达到分段器预定的记录次数已消除了故障，分段器的累计计数在经过一段时间后自动消失，恢复初始状态。

重合器、分段器均是智能化设备，具有自动化程度高等诸多优点，但是只有当正确配合使用时才能发挥其作用，因此应遵守以下配合使用的原则：

（1）分段器必须与重合器串联，并装在重合器的负荷侧。

（2）后备重合器必须能检测到并能动作于分段器保护范围内的最小故障电流。

（3）分段器的启动电流必须小于其保护范围内的最小故障电流。

（4）分段器的热稳定额定值和动稳定额定值必须满足要求。

（5）分段器的启动电流必须小于 80% 后备保护的最小分闸电流，大于预期最大负荷电流的峰值。

（6）分段器的记录次数必须比后备保护闭锁前的分闸次数少一次以上。

（7）分段器的记忆时间必须大于后备保护的累积故障开断时间（TAT）。后备保护动作的总累积时间（TAT），为后备保护顺序中的各次故障通流时间与重合间隔之和。

本章总结

本章学习了自动重合闸，读者要着重掌握以下几点：

1. 自动重合闸不是保护装置，而是一个自动装置，但它又和保护装置紧密配合。

2. 掌握电力系统中采用重合闸的作用，了解输电线路故障的特点，掌握"瞬时性故障"和"永久性故障"的概念，掌握对自动重合闸所提出的基本要求。

3. 单侧电源送电线路三相一次重合闸的基本概念以及应用范围。

4. 了解双侧电源网络重合闸的方式及选择原则，掌握同步及无压检定重合闸的工作原理。

5. 掌握重合闸与继电保护的配合方式，掌握重合闸"前加速"和重合闸"后加速"的概念。

6. 单相自动重合闸有什么优点？常用的选相元件有哪些？

7. 什么是综合重合闸？它有哪四种工作方式？

第六章
电力变压器的继电保护

第一节 电力变压器的故障类型、不正常运行状态及相应的保护方式

一、概述

电力变压器是电力系统中十分重要的供电元件,它的故障将对供电可靠性和系统的正常运行带来严重的影响。因此,我们必须研究变压器有哪些故障和不正常运行状态,以便采取相应的保护措施。

变压器的内部故障可以分为油箱内和油箱外故障两种。油箱内的故障包括绕组的相间短路、接地短路、匝间短路以及铁芯的烧损等,对变压器来讲,这些故障都是十分危险的,因为油箱内故障时产生的电弧,将引起绝缘物质的剧烈气化,从而可能引起爆炸,因此,这些故障应该尽快加以切除。油箱外的故障,主要是套管和引出线上发生相间短路和接地短路。

变压器的不正常运行状态主要有:由于变压器外部相间短路引起的过电流和外部接地短路引起的过电流和中性点过电压;由于负荷超过额定容量引起的过负荷及由于漏油等原因而引起的油面降低等。

根据上述故障类型和不正常运行状态,对变压器应装设下列保护。

二、变压器的保护配置

(1)瓦斯保护

800kVA 及以上的油浸式变压器和 400kVA 以上的车间内油浸式变压器,应装设瓦斯保护。瓦斯保护可反应变压器油箱内部的短路故障以及油面降低,重瓦斯保护动作于跳开变压

器各电源侧断路器，轻瓦斯保护动作于发出信号。

（2）纵差保护或电流速断保护

6300kVA 及以上并列运行的变压器、10000kVA 及以上单独运行的变压器、发电厂厂用工作变压器和工业企业中 6300kVA 及以上重要的变压器，应装设纵差保护。

10000kVA 及以下的电力变压器，应装设电流速断保护。对于 2000kVA 以上的变压器，当电流速断保护灵敏度不能满足要求时，也应装设纵差保护。

纵差保护或电流速断保护：反应电力变压器绕组、套管及引出线发生的短路故障。

（3）相间短路的后备保护

作用：反应外部相间短路引起的变压器过电流，同时作为瓦斯保护和纵差保护的后备保护，其动作时限按阶梯形原则来整定。

（4）接地短路的零序保护

作用：零序保护用于反应变压器高压侧（或中压侧），以及外部元件的接地短路。变压器中性点直接接地运行，应装设零序电流保护；变压器中性点可能接地或不接地运行时，应装设零序电流、电压保护。

（5）过负荷保护

400kVA 以上的变压器，当数台并列运行或单独运行并作为其他负荷的备用电源时，应装设过负荷保护。过负荷保护通常只装在一相，延时动作于发信号。

（6）其他保护

高压侧电压为 500kV 及以上的变压器，因频率降低和电压升高而引起的变压器励磁电流升高，应装设变压器过励磁保护。对变压器温度和油箱内压力升高，以及冷却系统故障，应装设相应的保护装置。

第二节 电力变压器的瓦斯保护

一、瓦斯保护

瓦斯保护是反应变压器油箱内部气体量的多少和油流速度而动作的保护。它保护变压器油箱内各种短路故障，特别是对绕组的相间短路和匝间短路，并且是变压器铁芯烧损的唯一保护方式。由于短路点电弧的作用，将使变压器油和其他绝缘材料分解，产生气体。气体从油箱经连通管流向油枕，利用气体的数量及流速构成瓦斯保护。

二、构成和工作原理

1. 气体继电器的结构

气体继电器的结构如图 6-1 所示。

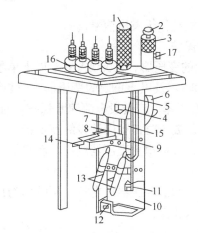

1. 罩；2. 顶针；3. 气塞；4. 永久磁铁；5. 开口杯；6. 重锤；7. 探针；

8. 开口销；9. 弹簧；10. 挡板；11. 永久磁铁；12. 螺杆；13. 干簧触点（重）；

14. 调节杆；15. 干簧触点（轻）；16. 套管；17. 排气口

图 6-1　气体继电器的结构

2. 气体继电器的工作原理

气体继电器的工作原理如图 6-2（a）～（d）所示。

（a）变压器正常运行时，上下两对触点都断开，不发出信号。

（b）变压器油箱内部发生轻微故障，上触点接通信号回路，发出音响和灯光信号，称为"轻瓦斯动作"。

（c）变压器油箱内部发生严重故障，下触点接通跳闸回路，使断路器跳闸，同时发出音响和灯光信号，称为"重瓦斯动作"。

（d）变压器油箱漏油，上触点接通，发出报警信号；下触点接通，使断路器跳闸，同时发出跳闸信号。

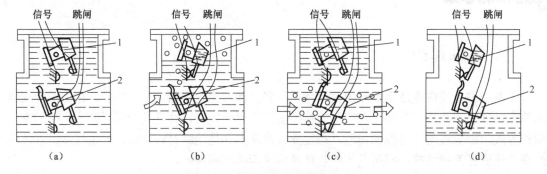

图 6-2　气体继电器的工作原理图

3. 气体继电器的安装

气体继电器安装在油箱与油枕之间的连接管道上，如图 6-3 所示。

为了不妨碍气体的流通，变压器安装时应使顶盖沿瓦斯继电器的方向与水平面具有 1%～1.5% 的升高坡度，通往继电器的连接管具有 2%～4% 的升高坡度。

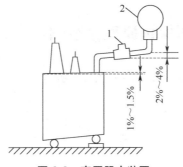

图 6-3　变压器安装图

三、瓦斯保护的原理接线

瓦斯保护的原理接线图如图见图 6-4 所示。

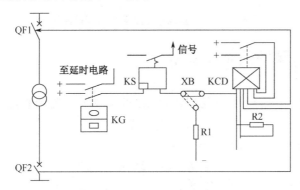

图 6-4　瓦斯保护的原理接线图

四、对瓦斯保护的评价

主要优点：动作迅速、灵敏度高、安装接线简单，能反应油箱内部发生的各种故障。

主要缺点：不能反应油箱以外的套管及引出线等部位上发生的故障。

因此瓦斯保护可作为变压器的主保护之一，与纵差动保护相互配合、相互补充，实现快速而灵敏地切除变压器油箱内、外及引出线上发生的各种故障。

第三节　变压器的电流速断保护

对于容量较小的变压器，当灵敏系数满足要求时，可在电源侧装设电流速断保护，它与瓦斯保护配合，以反应变压器绕组及变压器电源侧的引出线套管上的各种故障。

一、变压器电流速断保护原理接线图

变压器电流速断保护原理接线图如图见图 6-5 所示。

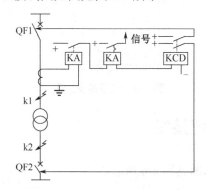

图 6-5   变压器电流速断保护原理接线图

二、电流速断保护的整定计算

（1）按躲过变压器负荷侧母线短路时流过保护的最大短路电流整定：

$$I_{act}=K_{rel}I_{k2.max}$$

（2）躲过变压器空载投入时的励磁涌流：

$$I_{act}=(3\sim5)I_{TN}$$

选择其中的较大者作为保护的动作值，
灵敏系数：

$$K_{sen.min}=\frac{I_{k1.min}^{(2)}}{I_{act}}$$

要求 $K_{sen.min}\geqslant2$。

第四节 电力变压器的纵联差动保护

一、构成变压器纵差动保护的基本原则

以双绕组变压器为例来说明实现纵差动保护的原理，如图 6-6 所示。

由于变压器高压侧和低压侧的额定电流不同，因此，为了保证纵差动保护的正确工作，就必须适当选择两侧电流互感器的变比，使得在正常运行和外部故障时，两个二次电流相等，亦即在正常运行和外部故障时，差动回路的电流等于零。例如，在图 6-6 中，应使

$$I_2^{'}=I_2^{''}=\ \ \frac{I_1^{'}}{n_{11}}=\frac{I_1^{''}}{n_{12}}\qquad\qquad 或\frac{n_{12}}{n_{11}}=\frac{I_1^{''}}{I_1^{'}}=n_B$$

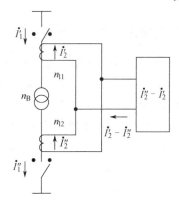

图 6-6　变压器纵差动保护的原理接线

式中　n_{11}——高压侧电流互感器的变比；

　　　n_{12}——低压侧电流互感器的变比；

　　　n_B——变压器的变比（即高、低压侧额定电压之比）。

由此可知，要实现变压器的纵差动保护，就必须适当地选择两侧电流互感器的变比，使其比值等于变压器的变比 n_B，这是与前述送电线路的纵差动保护不同的。这个区别是由于线路的纵差动保护可以直接比较两侧电流的幅值和相位，而变压器的纵差动保护则必须考虑变压器变比的影响。

二、变压器纵差动保护的特点

变压器的纵差动保护同样需要躲开流过差动回路中的不平衡电流，而且由于差动回路中不平衡电流对于变压器纵差动保护的影响很大，因此我们应该对其不平衡电流产生的原因和消除的方法进行认真的研究，现分别讨论如下。

1. 由变压器励磁涌流 n_{LY} 所产生的不平衡电流

变压器的励磁电流仅流经变压器的某一侧，因此，通过电流互感器反应到差动回路中不能平衡，在正常运行和外部故障的情况下，励磁电流较小，影响不是很大。但是当变压器空载投入和外部故障切除后电压恢复时，由于电磁感应的影响，可能出现数值很大的励磁电流（又称为励磁涌流）。励磁涌流有时可能达到额定电流的 6～8 倍，这就相当于变压器内部故障时的短路电流，因此必须想办法解决。为了消除励磁涌流的影响，首先应分析励磁涌流有哪些特点。经分析得出，励磁涌流具有以下特点：

（1）包含有很大成分的非周期分量，往往使涌流偏向于时间轴的一侧；

（2）包含有大量的高次谐波，而以二次谐波为主；

（3）波形之间出现间断，在一个周期中间断角为 α。

根据以上特点，在变压器纵差动保护中，防止励磁涌流影响的方法有：

（1）采用具有速饱和铁芯的差动继电器；

（2）利用二次谐波制动；

（3）鉴别短路电流和励磁涌流波形的差别等。

2. 由变压器两侧电流相位不同而产生的不平衡电流

由于变压器常常采用 Y/d11 的接线方式，因此，其两侧电流的相位差为 30°，二次电流由于相位不同，也会有一个差电流流入继电器。为了消除这种不平衡电流的影响，通常都是将变压器星形侧的三个电流互感器接成三角形，而将变压器三角形侧的三个电流互感器接成星形，即用电流互感器的接线方式进行补偿。但需注意，当电流互感器采用上述连接方式以后，在互感器接成三角形侧的差动一臂中，电流又增大了 $\sqrt{3}$ 倍。此时为保证在正常运行及外部故障情况下差动回路没有电流，就必须将该侧电流互感器的变比增大 $\sqrt{3}$ 倍，以减少二次电流，使之与另一侧的电流相等，故此时选择变比的条件是：

$$\frac{n_{12}}{n_{11}/\sqrt{3}} = n_{\mathrm{B}}$$

式中，n_{11} 和 n_{12} 为适应 Y，d 接线的需要而采用的新变比。

3. 由计算变比与实际变比不同而产生的不平衡电流

由于两侧的电流互感器都是根据产品目录选取标准的变比，而变压器的变比也是一定的，因此，三者的关系很难满足 $\frac{n_{12}}{n_{11}} = n_{\mathrm{B}}$ 的要求，此时差动回路中将有电流流过。当采用具有速饱和铁芯的差动继电器时，通常都是利用它的平衡线圈 w_{ph} 来消除此差电流的影响。

4. 由两侧电流互感器型号不同而产生的不平衡电流

由于两侧电流互感器的型号不同，它们的饱和特性、励磁电流也就不同，因此，在差动回路中所产生的不平衡电流也就较大。此时应采用电流互感器的同型系数 $k_{\mathrm{tx}} = 1$。

5. 由变压器带负荷调整分接头而产生的不平衡电流

带负荷调整变压器的分接头，是电力系统中采用带负荷调压的方法，实际上改变分接头就是改变变压器的变比 n_{B}。前面已经说过，变压器的差动保护与变压器的变比有关，如果差动保护已经按照某一变比调整好（如利用平衡线圈），则当分接头改换时，就会产生一个新的不平衡电流流入差动回路。此时不可能再用重新选择平衡线圈匝数的方法来消除这个不平衡电流，这是因为变压器的分接头经常在变，而差动保护的电流回路在带电的情况下是不能进行操作的。因此，对由此而产生的不平衡电流，应在纵差动保护的整定值中予以考虑。

总括看来，上述 5 项原因中，1、2、3 项是主要原因。此外，2、3 项不平衡电流可用适当地选择电流互感器二次线圈的接法和变比，以及采用平衡线圈的方法，使其降到最小。但 1、4、5 各项不平衡电流，实际上是不可能消除的。因此，变压器的纵差动保护必须躲开这些不平衡电流的影响。由于在满足选择性的同时，还要求保证内部故障时有足够的灵敏性，这就是构成变压器纵差动保护的主要困难。

根据上述分析，在稳态情况下，为整定变压器纵差动保护所采用的最大不平衡电流 $I_{\mathrm{bp.max}}$ 可由下式确定：

$$I_{\mathrm{bp.max}} = (K_{\mathrm{tx}} \cdot 10\% + \Delta U + \Delta f_{\mathrm{za}}) I_{\mathrm{d.max}/n_1}$$

式中　10%——电流互感器容许的最大相对误差；

K_{tx}——电流互感器的同型系数，取为 1；

ΔU——由带负荷调压所引起的相对误差，如果电流互感器二次电流在相当于被调节变压器额定抽头的情况下处于平衡时，则 ΔU 等于电压调整范围的一半；

Δf_{za}——所采用的互感器变比或平衡线圈的匝数与计算值不同时，所引起的相对误差；

$I_{d.max/n_t}$——保护范围外部最大短路电流归算到二次侧的数值。

三、变压器纵差动保护的整定计算原则

1. 纵差动保护启动电流的整定原则

（1）在正常情况下，为防止电流互感器二次回路断线时引起差动保护误动作，保护装置的启动电流应大于变压器的最大负荷电流 $I_{f.max}$。当负荷电流不能确定时，可采用变压器的额定电流 $I_{e.B}$，引入可靠系数 K_k（一般采用 1.3），则保护装置的启动电流为：

$$I_{dz} = K_k I_{f.max}$$

（2）躲开保护范围外部短路时的最大不平衡电流，此时继电器的启动电流应为：

$$I_{dz.j} = K_k I_{bp.max}$$

式中，可靠系数 K_k 仍采用 1.3；$I_{bp.max}$ 为保护外部短路时的最大不平衡电流，如前面的计算公式。

（3）无论按上述哪一个原则考虑变压器纵差动保护的启动电流，都还必须能够躲开变压器励磁涌流的影响。即最后应经过现场的空载合闸试验加以检验。一般空载合闸 5 次，差动保护都不误动时，说明整定值符合要求。

2. 纵差动保护灵敏系数的校验

变压器纵差动保护的灵敏系数可按下式校验：

$$K_{lm} = \frac{I_{d.min.j}}{I_{dz.j}}$$

式中，$I_{d.min.j}$ 应采用保护范围内部故障时，流过继电器的最小短路电流。即采用在单侧电源供电时，系统在最小运行方式下，变压器发生短路时的最小短路电流，按照要求，灵敏系数一般不应低于 2。当不能满足要求时，则需要采用具有制动特性的差动继电器。

当变压器差动保护的启动电流按照以上的原则整定时，为了能够可靠地躲开外部故障时的不平衡电流和励磁涌流，同时又能提高变压器内部故障的灵敏性，在变压器的差动保护中广泛采用着具有不同特性的差动继电器，分别介绍如下。

四、带有速饱和变流器的差动继电器

这种差动继电器是在差动回路中接入具有快速饱和特性的中间变流器 BLH，是防止暂态过程中不平衡电流（非周期分量）影响的有效方法之一。也就是说，非周期分量不易通过速饱和变流器而变换到二次侧，因此继电器不会因为励磁涌流中非周期分量的影响而动作。

五、具有磁力制动的差动继电器

这种继电器是在速饱和变流器的基础上，增加一组制动线圈，利用外部故障时的短路电流来实现制动，使继电器的启动电流随制动电流的增加而增加，它能够可靠地躲开外部故障时的不平衡电流，并提高内部故障时的灵敏性，因此它是应用最多而且也是最成熟的一种保护。由于继电器的启动电流随着制动电流的增大而增大，而且当制动线圈的匝数越多时，增加的就越多。由实验所得出的继电器启动电流 $I_{dz.j}$ 与制动电流 I_{zh} 的关系，即 $I_{dz.j} = f(I_{zh})$，称为制动特性曲线，如图 6-7 所示。图中 $I_{dz.j.0}$ 为继电器的最小启动电流，即当制动电流为零时，差动继电器刚好动作的最小电流。当制动电流比较小时，启动电流变化不大，制动特性曲线的起始部分比较平缓。而当制动电流很大时，铁芯出现严重饱和，继电器的起始电流迅速增加，制动曲线上翘，制动线圈匝数越多，上翘越厉害，在此情况下，可能出现继电器拒动，因此实用中对制动磁势不可选择得过大。从原点作制动特性曲线的切线，它与水平轴线的夹角为 α，则 $\mathrm{tg}\alpha$ 称为制动系数。为保证继电器在内部故障时可靠动作，一般在使用中都取制动系数在 0.5 左右。WBH-800 系列微机变压器差动保护的制动系数为 0.3~0.7。

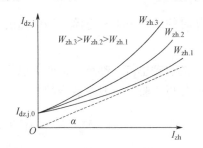

图 6-7　继电器的制动特性曲线

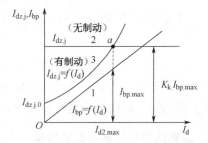

图 6-8　具有制动特性的差动继电器的整定图解法

如图 6-8 所示为具有制动特性的差动继电器的整定图解法。图中直线 1 为不平衡电流 I_{bp} 与外部短路电流变换到电流互感器二次侧之值 $I_{dz}(= \dfrac{I_d}{n_1})$ 的关系。设外部最大短路电流（变换到二次侧）为 $I_{d2.max}$，则可对应求出最大不平衡电流 $I_{bp.max}$。如果采用无制动特性的差动继电器，则启动电流为图中水平直线 2 所示，差动继电器的启动电流是一个常数。如果采用具有制动特性的差动继电器，由于 $I_{d2.max}$ 就是继电器的制动电流 I_{zh}，因此，应该选择当制动电流为 $I_{d2.max}$ 时，使继电器的启动电流为 $K_k I_{bp.max}$，该电流与水平直线 2 相交于 a，使继电器的制动特性曲线通过 a 点。为此可以在图 6-7 中选取一条适当的曲线，使它通过 a 点并位于直线 1 的上面，如图 6-8 中的曲线 3 所示。由此可见，这种继电器的启动电流是随着制动电流（即外部短路电流）的不同而改变的。但由于曲线 3 始终在直线 1 的上面，因此，在任何大小的外部短路电流作用下，继电器的实际启动电流均大于相应的不平衡电流，继电器都不会误动作。

那么，为什么具有制动特性的差动继电器可以在内部故障时提高保护的灵敏性呢？我们通过几种典型情况的分析得出：在变压器内部故障时（以两圈变压器为例），无论是变压器两侧都有电源、还是单侧有电源，在各种可能的运行方式下，这种继电器的启动电流均在 $I_{dz.j.0}$

附近变化。由于制动特性曲线的起始部分变化平缓，而且要比无制动差动继电器的启动电流（图 6-8 中的直线 2）小得多。此时保护装置的灵敏系数为保护范围内部故障时流过继电器的最小短路电流与启动电流之比，显然它比无制动的差动保护的灵敏系数要高。

采用具有制动特性的差动继电器的缺点是整定计算和调试比较复杂。但由于它具有可靠躲过外部故障时的不平衡电流和内部故障灵敏性高的显著优点，因此在变压器差动保护中获得了广泛的应用。

六、具有比率制动和二次谐波制动的差动继电器

这种原理的差动继电器也是经常采用，它具有两个制动回路：比率制动（又称穿越电流制动）和二次谐波制动。当变压器空载合闸时，二次谐波制动起主要作用，而当区外故障时，比率制动起主要作用。

> **相关链接：**
>
> 所谓穿越电流制动，是指当变压器外部故障，如线路故障时，从电源要向故障点送短路电流，这个短路电流要通过变压器，因此，叫穿越电流，又由于这种制动作用与穿越电流的大小成正比，因而使继电器的启动电流随着制动电流的增大而自动增加（两者之比称为继电器的制动系数），故又称为比率制动。

第五节　变压器的电流和电压保护

变压器相间短路的后备保护，既是变压器主保护的后备保护，又可作为相邻母线或线路的后备保护。根据变压器容量和系统短路电流水平的不同，实现保护的方式有：过电流保护、低电压启动的过电流保护、复合电压启动的过电流保护以及负序过电流保护等。

一、相间短路的过电流保护

1. 使用条件

过电流保护宜用于降压变压器。

2. 安装地点

安装在电源侧，过电流保护原理接线图如图 6-9 所示。

3. 保护的整定计算

动作电流：

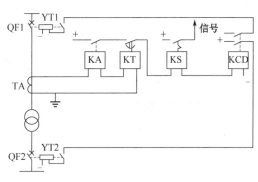

图 6-9　过电流保护原理接线图

$$I_{act} = \frac{K_{rel}}{K_{re}} I_{L.max}$$

最大负荷电流 $I_{L.max}$ 确定：

（1）并列运行的变压器，应考虑突然切除一台时所出现的过负荷，当各台变压器容量相同时，可按下式计算：

$$I_{f.max} = \frac{n}{n-1} I_{e.B}$$

式中　　n——并列运行变压器的最小台数；

$I_{e.B}$——每台变压器的额定电流。

此时保护装置的启动电流应整定为：

$$I_{dz} = \frac{K_k}{K_h} \cdot \frac{n}{n-1} I_{e.B}$$

（2）对降压变压器，应考虑低压侧负荷电动机启动时的最大电流，启动电流应整定为：

$$I_{dz} = \frac{K_k K_{zq}}{K_h} I_{e.B}$$

对于并列运行的变压器：

$$I_{L.max} = \frac{m}{m-1} I_{N.T}$$

对于降压变压器：

$$I_{L.max} = K_{ss} I_{N.T}$$

保护灵敏度：

$$K_{sen} = \frac{I_{k.min}}{I_{act}}$$

要求大于等于 1.2。

二、低电压启动的过电流保护

低电压启动的过电流保护是在过电流保护的基础上，再加一个低电压继电器，只有当电流元件和电压元件同时动作后，才能启动时间继电器，经过预定的延时后，启动出口中间继电器动作于跳闸。

三、复合电压启动的过电流保护

1. 保护原理接线图

复合电压启动的过电流保护如图 6-10 所示。

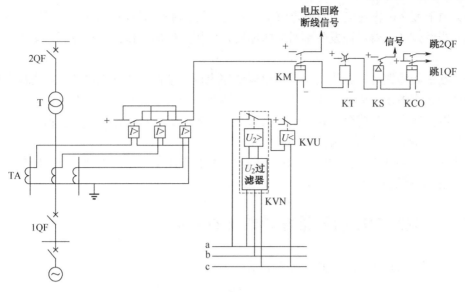

图 6-10　复合电压启动的过电流保护原理图

2．保护的整定计算

（1）动作值

电流元件：

$$I_{act}=\frac{K_{rel}}{K_{re}}I_{L.max}$$

低电压元件：

$$U_{act}=0.7U_{N.T}$$

火电厂升压变压器：

$$U_{act}=(0.5\sim0.6)U_{N.T}$$

负序电压元件：

$$U_{2.act}=(0.06\sim0.12)U_{N.T}$$

（2）灵敏度

电流元件：

$$K_{sen}=\frac{I_{k.min}}{I_{act}}\quad（要求大于1.2）$$

低电压元件：

$$K_{sen}=\frac{U_{act}}{U_{k.max}}\quad（要求大于1.2）$$

负序电压元件：

$$K_{sen}=\frac{U^{(2)}_{k.min}}{U_{2.act}}\quad（要求大于1.2）$$

复合电压启动的过电流保护是低电压启动过电流保护的一个发展，它是将原来的三个低电压继电器改为由一个负序电压继电器和一个接于线电压上的低电压继电器组成。

与低电压启动的过电流保护相比，复合电压启动的过电流保护具有以下优点：

（1）由于负序电压继电器的整定值小，因此，在不对称短路时，电压元件的灵敏系数高；

（2）当经过变压器后面发生不对称短路时，电压元件的工作情况与变压器采用的接线方式无关；

（3）在三相短路时，如果由于瞬间出现负序电压，使低电压继电器和负序电压继电器都动作，则在负序电压消失后，由于低电压继电器接于线电压上，这时只要低电压继电器不返回，就可以保证保护装置继续处于动作状态。由于低电压继电器的返回系数 $K_h>1$，因此，实际上相当于灵敏系数能提高 K_h（=1.15～1.2）倍。

由于具有上述优点且接线比较简单，因此，复合电压启动的过电流保护已经代替了低电压启动的过电流保护，而得到比较广泛的应用。

四、三绕组变压器后备保护的配置原则

三绕组变压器后备保护配置如图 6-11 所示。

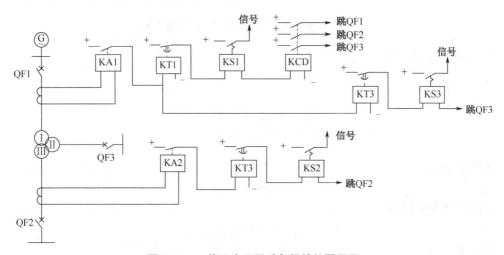

图 6-11　三绕组变压器后备保护的配置图

五、变压器的过负荷保护

过负荷保护反应变压器对称过负荷引起的过电流。保护用一个电流继电器接于一相电流，经延时动作于信号。

过负荷保护的安装侧，应根据保护能反应变压器各侧绕组可能过负荷情况来选择：

（1）对双绕组升压变压器，装于发电机电压侧；

（2）对一侧无电源的三绕组升压变压器，装于发电机电压侧和无电源侧；

（3）对三侧有电源的三绕组升压变压器，三侧均应装设；

（4）对于双绕组降压变压器，装于高压侧；

（5）仅一侧电源的三绕组降压变压器，若三侧的容量相等，只装于电源侧；若三侧的容量不等，则装于电源侧及容量较小侧；

（6）对两侧有电源的三绕组降压变压器，三侧均应装设。

电力系统中，接地故障常常是故障的主要形式，因此，大电流接地系统中的变压器，一般要求在变压器上装设接地（零序）保护，作为变压器本身主保护的后备保护和相邻元件接地短路的后备保护。

1. 中性点直接接地变压器的零序保护

原理图如图 6-12 所示。

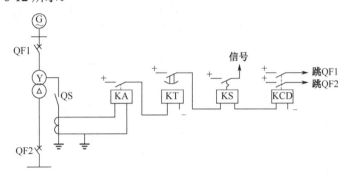

图 6-12 中性点直接接地变压器的零序保护原理图

保护定值：

$$I_{act.0} = K_c K_b I_{act.0.L}$$

式中 K_c ——配合系数，取 1.1～1.2；

K_b ——零序电流分支系数；

$I_{act.0.L}$ ——引出线零序电流保护后备段的动作电流。

2. 中性点可能接地或不接地变压器的接地保护

网络图如图 6-13 所示。

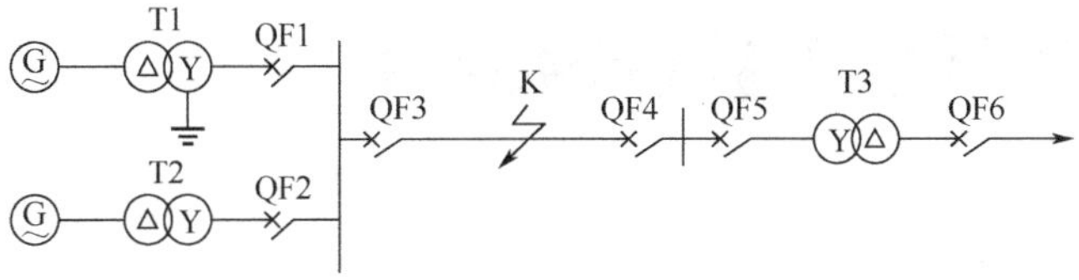

图 6-13 中性点可能接地或不接地变压器网络图

变电站部分变压器中性点接地运行时：

若因某种原因造成 QF3 拒绝跳闸，则保护动作 QF1 跳闸。当 QF1 和 QF4 跳闸后，系统成为中性点不接地系统，而 T2 仍带着接地故障继续运行。T2 的中性点对地电压将升高为相电压，两非接地相的对地电压将升高相间电压。如果 T2 为全绝缘变压器，可利用在其中性点不接地运行时出现的零序电压，实现零序过电压保护，作用于断开 QF2。如果 T2 是分级绝缘变压器，则不允许上述情况出现，必须在切除 T1 之前，先将 T2 切除。

中性点有两种运行方式的变压器，需要装设：零序过电流保护——用于中性点接地运行方式；零序过电压保护——用于中性点不接地运行方式。

原则：对于分级绝缘变压器应先切除中性点不接地运行的变压器，后切除中性点接地运行的变压器；对于全绝缘变压器应先切除中性点接地运行的变压器，后切除中性点不接地运行的变压器。

（1）分级绝缘变压器

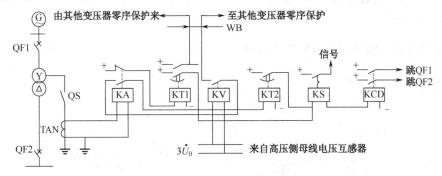

图 6-14　分级绝缘变压器保护原理图

（2）全绝缘变压器

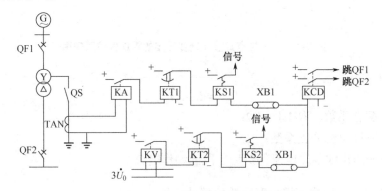

图 6-15　全绝缘变压器保护原理图

第七节　变压器保护计算举例

有一台变压器，接线如图 6-16 所示。

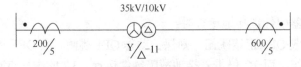

图 6-16　变压器保护计算网络图

变压器的额定容量 $S_N = 150\text{MVA}$，额定电压 $U_{1N}/U_{2N} = 35\text{kV}/10\text{kV}$（Y/△-11）接法。

高压侧 CT 为 200/5，Y 接或△接法，低压侧 CT 为 600/5，Y 接，求原、副方（即高、低压侧）额定线电压、相电压、额定线电流、相电流以及平衡系数。

解： （1）原方线电压 $U_{1N} = 35\text{kV}$

（2）原方相电压 $U_{1\Phi} = \dfrac{35}{\sqrt{3}} = 20.2\text{kV}$

（3）原方线电流=原方相电流 $I_{1N} = I_{1\Phi} = \dfrac{S_N}{\sqrt{3} \times U_{1N}} = \dfrac{150000}{\sqrt{3} \times 35} = 2477.3\text{A}$

（4）副方线电压=副方相电压 $U_{2N} = U_{2\Phi} = 10\text{kV}$

（5）副方线电流 $I_{2N} = \dfrac{S}{\sqrt{3} \times U_{2N}} = \dfrac{150000}{\sqrt{3} \times 10} = 8670.5\text{A}$

（6）副方相电流 $I_{2\Phi} = \dfrac{I_{2N}}{\sqrt{3}} = 5012\text{A}$

（7）求平衡系数，以线电流来计算

①原方（高压侧）线电流的二次值

当 CT 为 Y 接时， $\dfrac{2477.3}{40} = 61.9\text{A}$

副方（低压侧）线电流的二次值

当 CT 为 Y 接时， $\dfrac{8670.5}{120} = 72.25\text{A}$

所以平衡系数为 $\dfrac{61.9}{72.25} = 0.87$

②原方（高压侧）线电流的二次值

当 CT 为△接时， $\dfrac{2477.3}{40} \times \sqrt{3} = 107.1\text{A}$

副方（低压侧）线电流的二次值

当 CT 为 Y 接时， $\dfrac{8670.5}{120} = 72.25\text{A}$

所以平衡系数为 $\dfrac{107.1}{72.25} = 1.48$

结论：由于变压器的接线为 Y/△-11，因此，为了进行补偿，CT 的接法，在低压侧始终为 Y 接，而在高压侧，可以是 Y 接，也可以是△接，由以上的计算可知，如果高、低压侧 CT 均为 Y 接时，计算出的平衡系数为 0.87，是一个小于 1 的系数；如果高压侧为△接法，低压侧为 Y 接法时，计算出的平衡系数为 1.48，是一个大于 1 的系数。

第八节 变压器保护的配置

典型的变压器保护配置如图 6-17 所示。

1——瓦斯保护；

2——第一纵差动保护（二次谐波制动原理）；

3——第二纵差动保护（间断角鉴别原理）；

4、5、6——高、中、低压侧的复合电压启动的过电流保护；

7——高压侧的零序电流、电压保护；

8——中压侧的零序电流保护；

9、10、11——高、中、低压侧的过负荷保护；

12——其他非电量保护。

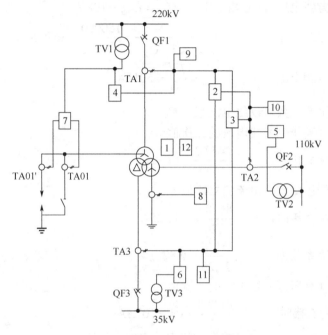

图 6-17　典型的变压器保护配置图

本章总结

电力变压器也是很重要的一次设备，因此我们也要特别关注，本章需要着重掌握以下几点：

1．掌握变压器有哪些主保护和后备保护。

2．明确变压器纵差动保护的工作原理、作用及特点，它与输电线路纵差动保护的异同。

3．变压器纵差动保护差动回路中不平衡电流产生的原因以及消除的方法有哪些。

4．变压器励磁涌流的三个特点以及防止涌流的方法是什么。

5．掌握变压器差动保护中的几种不同特性的差动继电器，对具有磁力制动的差动继电器有什么优点。

6．为什么大型变压器多采用比率制动和二次谐波制动的差动继电器？

第七章
发电机的继电保护

第一节 发电机的故障类型、不正常运行状态及其相应的保护方式

一、概述

发电机的安全运行对保证电力系统的正常工作和电能质量起着决定性的作用，同时发电机本身也是一个十分贵重的电气元件，因此，应该针对各种不同的故障和不正常运行状态，装设性能完善的继电保护装置。

发电机的故障类型主要有：定子绕组相间短路；定子绕组一相的匝间短路；定子绕组单相接地；转子绕组一点接地或两点接地；转子励磁回路励磁电流消失。

（1）定子绕组相间短路→产生很大的短路电流→绕组过热→烧坏铁芯和绕组→甚至导致发电机着火。

（2）定子绕组匝间短路→被短路部分绕组内将产生大的环流→故障处绝缘破坏→变成单相接地或相间短路。

（3）定子绕组单相接地→发电机电容电流将流过故障点，电流较大时→铁芯熔化。

发电机的不正常运行状态主要有：由于外部短路引起的定子绕组过电流；由于负荷超过发电机额定容量而引起的三相对称过负荷；由外部不对称短路或不对称负荷（如单相负荷，非全相运行等）而引起的发电机负序过电流和过负荷；由于突然甩负荷而引起的定子绕组过电压；由于励磁回路故障或强励时间过长而引起的转子绕组过负荷；由于汽轮机主气门突然关闭而引起的发电机逆功率（汽轮机主气门突然关闭→逆功率→防止汽轮机叶片与残留尾汽剧烈摩擦过热而损坏汽轮机）等。根据上述故障情况和不正常运行状态，发电机应有下列保护。

二、发电机保护的配置

和变压器保护一样，发电机由于保护的对象很多，因此保护的种类也特别多，像大容量的发变组，其保护多达几十种。

1．主保护

（1）纵差动保护：定子绕组及其引出线的相间短路保护。
（2）横差动保护：定子绕组匝间短路的保护。
（3）100%的定子接地保护：对定子绕组单相接地短路的保护。
（4）负序过电流保护。
（5）失磁保护：反应转子励磁回路励磁电流急剧下降或消失。

2．后备保护

（1）过电流保护：反应外部短路引起的过电流，同时兼作纵差动保护的后备保护。
（2）复合电压启动的过电流保护。
（3）过负荷保护。
（4）过电压保护。
（5）转子一点接地保护。
（6）逆功率保护。危害：汽轮机尾部叶片有可能过热而造成事故。
（7）失步保护。
（8）低频保护。

第二节 发电机的纵差动保护和横差动保护

一、发电机的纵差动保护

纵差动保护是反应发电机定子绕组及其引出线的相间短路故障，是发电机的主要保护。基本原理是比较发电机两侧的电流的大小和相位，要求差动保护构成的两侧电流互感器同变比、同型号。

按照以下两个原则来整定：

（1）在正常情况下，电流互感器二次回路断线时保护不应误动。
保护装置和继电器的启动电流分别为：

$$I_d = K_{rel}I_{gN} \qquad I_{k \cdot d} = K_{rel}I_{gN}/n_{TA}$$

（2）保护装置的启动电流按躲开外部故障时的最大不平衡电流整定，此时启动电流应整定为：

$$I_d = K_{rel} I_{unb.max}$$

再根据前面章节对不平衡电流的分析，有：

$$I_d = 0.1 K_{rel} K_{np} K_{st} K_{k.max} / n_{TA}$$

二、比率制动式纵差动保护整定方法

对于大容量的发电机（100MW 及以上），为了减少故障发生于发电机中性点附近而出现的纵差动保护的死区，要求将纵联保护的动作电流降低，提高保护动作的灵敏性，并要保证在区外短路时保护可靠不误动。考虑到不平衡电流随着流过电流互感器 TA 电流的增加而增加，往往采用性能更好的比率制动式纵差动保护，使其动作值随着外部短路电流的增大而自动增大（即利用外部故障时的穿越电流实现制动），其原理接线如图 7-1 所示。

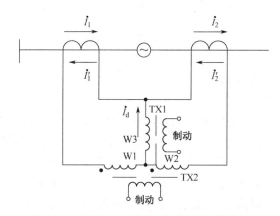

图 7-1 比率制动式差动继电器原理接线图

基本原理：是基于保护的动作电流随着外部故障的短路电流而产生的最大不平衡电流的增大而按比例的线性增大，且比最大不平衡电流增大的更快，使在任何情况下的外部故障时，保护不会误动作。

制动电流：将外部故障的短路电流作为制动电流。

差动电流：把流入差动回路的电流作为动作电流。

（1）启动电流的整定。

$$I_{d.min} = K_{rel}(I_{er1} + I_{er2})$$

（2）拐点电流的整定。

$$I_{res.min} = (0.5 \sim 1.0) I_{gN}$$

（3）比率制动特性的制动系数、制动线斜率的整定。

$$K_{res} = \frac{I_{unb.max}}{I_{k.max}} \qquad\qquad K = \frac{I_{unb.max} - I_{d.min}}{I_{k.max} - I_{res.min}}$$

比率制动特性曲线如图 7-2 所示。

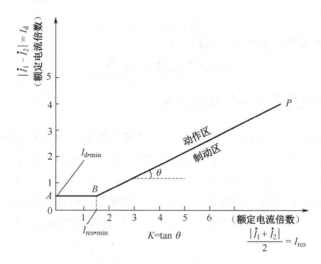

图 7-2　比率制动特性曲线

三、发电机匝间短路的横差动电流保护

在大容量发电机中，由于额定电流很大，其每相都是由两个或多个并联的绕组组成。在正常运行的时候，各绕组中的电动势相等，流过相等的负荷电流。而当任一绕组发生匝间短路时，绕组中的电动势就不再相等，因而会出现因电动势差而在各绕组间产生均衡电流。利用这个环流，可以实现对发电机定子绕组匝间短路的保护，即横差动保护。以一个每相具有两个并联分支绕组的发电机为例，发生不同性质的同相内部短路时横差动保护的原理可由图 7-3 和图 7-4 来说明。

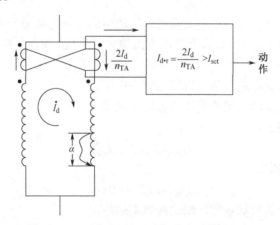

图 7-3　一个绕组内部匝间短路的横差动保护

横差动保护有两种接线方式，一种是每相装设两个电流互感器和一个继电器构成单独的保护，其原理接线图如图 7-3 和图 7-4 所示。这样，三相共需要六个互感器和三个继电器。由于这种方式接线复杂，保护中的不平衡电流较大，在实际中已经很少采用。

目前广泛应用的接线方式如图 7-5 所示，这种接线方式只用一个互感器装于发电机两组星形中点的连线上，其本质是把一半绕组的三相电流之和去与另一半绕组三相电流之和进行比较。这种接线方式没有由于互感器误差所引起的不平衡电流，其启动电流比较小，灵敏度高，且接线非常简单。

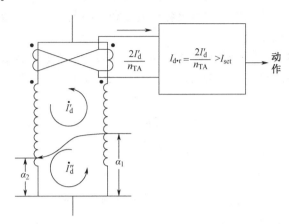

图 7-4　同相不同绕组匝间短路的横差动保护

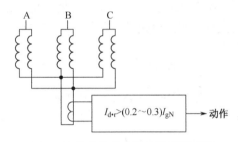

图 7-5　单元横差动保护接线原理图

横差动保护装置的启动电流，根据运行经验可采用发电机定子绕组额定电流的 20%～30%，即：

$$I_{dz} = (0.2 \sim 0.3) \, I_{e.f}$$

对发电机定子绕组的匝间短路，还有其他灵敏度更高的保护方式，例如，用负序功率闭锁的定子零序电压保护、负序功率闭锁的转子二次谐波电流保护等。

第三节　发电机的单相接地保护

根据安全的要求发电机的外壳都是接地的，因此，定子绕组因绝缘破坏而引起的单相接地故障比较普遍。当接地电流比较大，能在故障点引起电弧时，将使绕组的绝缘和定子铁芯烧坏，并且也容易发展成相间故障，造成更大的危害。我国规定，当接地电容电流等于或大于 5A 时，应装设动作于跳闸的接地保护，当接地电容电流小于 5A 时，一般装设作用于信号的接地保护。

一、发电机定子绕组单相接地的特点

现代的发电机，其中性点都是不接地或经消弧线圈接地的，因此，当发电机内部单相接

地时，如同在第二章第四节中分析的那样，流经接地点的电流仍为发电机所在电压网络（即与发电机有直接电联系的各元件）对地电容电流总和，不同之处在于故障点的零序电压将随发电机内部接地点的位置改变。

假设 A 相接地发生在定子绕组距中心点 α 处，α 表示由中心点到故障点的绕组占全部绕组匝数的百分数，则故障点各相电势为 $\alpha\dot{E}_A$、$\alpha\dot{E}_B$、$\alpha\dot{E}_C$，而各相对地电压分别为：

$$\dot{U}_{AD} = 0$$

$$\dot{U}_{BD} = \alpha\dot{E}_B - \alpha\dot{E}_A$$

$$\dot{U}_{CD} = \alpha\dot{E}_C - \alpha\dot{E}_A$$

因此，故障点的零序电压为

$$\dot{U}_{d0(\alpha)} = \frac{1}{3}(\dot{U}_{AD} + \dot{U}_{BD} + \dot{U}_{CD}) = -\alpha\dot{E}_A$$

上式表明，故障点的零序电压和前面中性点非直接接地系统所介绍的一样，也是等于故障相的电势，再反一个方向，但是前面要乘一个 α，说明发电机定子绕组单相接地时，故障点的零序电压将随着故障点位置的不同而改变。同样我们也可以求出发电机的零序电容电流和网络的零序电容电流分别为：

$$3\dot{I}_{0f} = j3\omega C_{0f}\dot{U}_{d0(\alpha)} = -j3\omega C_{0f\alpha}\dot{E}_A$$

$$3\dot{I}_{0l} = j3\omega C_{0l}\dot{U}_{d0(\alpha)} = -j3\omega C_{0l\alpha}\dot{E}_A$$

则故障点总的接地电流即为

$$\dot{I}_{d(\alpha)} = -j3\omega(C_{0f} + C_{0l})\alpha\dot{E}_A$$

当发电机内部单相接地时，实际上无法直接获得故障点的零序电压 $\dot{U}_{d0(\alpha)}$，而只能借助于机端的电压互感器来进行测量。机端各相的对地电压分别为

$$\dot{U}_{AD} = (1-\alpha)\dot{E}_A$$

$$\dot{U}_{BD} = \dot{E}_B - \alpha\dot{E}_A$$

$$\dot{U}_{CD} = \dot{E}_C - \alpha\dot{E}_A$$

由此可求得机端的零序电压为

$$\dot{U}_{d0} = \frac{1}{3}(\dot{U}_{AD} + \dot{U}_{BD} + \dot{U}_{CD}) = -\alpha\dot{E}_A = \dot{U}_{d0(\alpha)}$$

由于取得了零序电流和零序电压，因此我们可以利用零序电流构成定子接地保护，也可以利用零序电压构成定子接地保护。但是无论是零序电流和零序电压的接地保护，对定子绕组都不能达到 100%的保护范围。这对于大容量的机组而言，由于振动较大而产生的机械损伤或发生漏水等原因，都可能使靠近中性点附近的绕组发生接地故障。如果这种故障不能及时发现或消除，则一种可能是进一步发展成匝间或相间短路；另一种可能是如果又在其他地点发生接地，则形成两点接地短路。这两种结果都会造成发电机的严重损坏，因此，对大型发电机组，特别是定子绕组用水内冷的机组，应装设能反应 100%定子绕组的接地保护。

二、发电机定子接地保护的构成

目前，100%定子接地保护装置一般由两部分组成：一部分是零序电压保护，保护定子绕组的 85%以上；另一部分利用发电机三次谐波电压构成，它用来消除零序电压保护的死区，

从而实现保护 100%定子绕组的接地保护。为可靠起见，两部分保护区有一段重叠。利用发电机三次谐波电压构成的部分，是利用发电机中性点和出线端的三次谐波电压在正常运行和接地故障时变化相反的特点构成的。正常运行时，发电机中性点的三次谐波电压比发电机出线端的三次谐波电压大；而在发电机内部定子接地时，出线端的三次谐波却比中性点的大。利用这个特点，使发电机出口的三次谐波电压成为动作分量，而使中性点的三次谐波分量成为制动分量，从而使发电机出口三次谐波电压大于中性点三次谐波电压时让继电器动作。这样，保护就会在正常时制动，而在定子绕组接地时保护可靠动作。因此，利用三次谐波电压比值和基波零序电压的组合，构成了 100%的定子接地保护。

第四节 发电机的负序过电流保护

负序过电流保护的作用：当电力系统发生不对称短路或在正常运行情况下三相负荷不平衡时，在发电机定子绕组中将出现负序电流，此电流在发电机空气隙中建立的负序旋转磁场相对于转子为两倍的同步转速，因此将在转子绕组、阻尼绕组以及转子铁芯等部件上感应于100Hz 的倍频电流，该电流使得转子上电流密度很大的某些部位，可能出现局部灼伤，甚至可能使护环受热松脱，从而导致发电机的重大事故。

负序电流在转子中所引起的发热量，正比于负序电流的平方及所需时间的乘积。在最严重的情况下，假设发电机转子为绝缘体（即不向周围散热），则不使转子过热所允许的负序电流和时间的关系，可用下式表示：

$$\int_0^t i_2^2 \mathrm{d}t = I_{2*}^2 t = A$$

$$I_{2*} = \sqrt{\frac{\int_0^t i_2^2 \mathrm{d}t}{t}}$$

式中 i_2——流经发电机的负序电流值；

t —— i_2 所持续的时间；

I_{2*}^2 ——在时间 t 内 i_2^2 的平均值，应采用以发电机额定电流为基准的标么值；

A ——与发电机型式和冷却方式有关的常数。

从上面的公式可知，负序电流对发电机的影响主要是发热。因此，针对上述情况而装设的发电机负序过电流保护实际上是对定子绕组电流不平衡而引起转子过热的一种保护，因此应作为发电机的主保护方式之一。

负序过电流保护的整定值可按以下原则考虑：对过负荷的信号部分，其整定值应按躲开发电机长期允许的负序电流值和最大负荷下负序过滤器的不平衡电流（均应考虑继电器的返回系数）来确定。根据有关规定，汽轮发电机长期允许负序电流为 6%～8%的额定电流，水轮发电机长期允许负序电流为 12%的额定电流，因此，一般情况下可取为：

$$I_{2.dz} = 0.1 I_{e.f}$$

其动作时限则应保证在外部不对称短路时动作的选择性，一般采用 5s～10s。

对动作于跳闸的保护部分，其整定值应按照发电机短时间允许的负序电流，参照前面公式确定。在选择动作电流时，应当给出一个计算时间 t_{js}，在这个时间内，值班人员有可能采取措施来消除产生负序电流的运行方式，一般 $t_{js}=120s$，此时保护装置动作电流的标幺值应为：

$$I_{2.dz(*)} \leqslant \sqrt{\frac{A}{120}}$$

对表面冷却的发电机组，$A=30\sim40$，代入上式后可得：

$$I_{2.dz} = (0.5\sim0.6) I_{e.f}$$

第五节 发电机的失磁保护

一、发电机的失磁运行及其产生的影响

发电机失磁故障是指发电机的励磁突然全部消失或部分消失。引起失磁的原因有：转子绕组故障、励磁机故障、自动灭磁开关误跳、半导体励磁系统中某些元件损坏或回路发生故障以及误操作等。

当发电机完全失去励磁时，励磁电流将逐渐衰减至零。由于发电机的感应电势 E_d 随着励磁电流的减小而减小，因此，其电磁转矩也将小于原动机的转矩，因而引起转子加速，使发电机的功角 δ 增大。当 δ 超过静态稳定极限角时，发电机与系统失去同步。发电机失磁后将从并列运行的电力系统中吸取电感性无功功率供给转子励磁电流，在定子绕组中将感应出电势。在发电机超过同步转速后，转子回路中将感应出频率为 $f_f - f_s$（此处 f_f 为对应发电机转速的频率，f_s 为系统的频率）的电流，此电流产生异步制动转矩，当异步转矩与原动机转矩达到新的平衡时，即进入稳定的异步运行。

当发电机失磁后而异步运行时，将对电力系统和发电机产生以下影响：

（1）需要从电网中吸收很大的无功功率以建立发电机的磁场。所需无功功率的大小主要取决于发电机的参数（X_1、X_2、X_{ad}）以及实际运行时的转差率。例如，汽轮发电机与水轮发电机相比，前者的同步电抗 $X_d = X_1 + X_{ad}$ 较大，则所需无功功率较小。又当 s 增大时，$\frac{R_2(1-s)}{s}$ 减小，I_1 和 I_2 随之增大，则相应所需的无功功率也要增加。假设失磁前发电机向系统送出无功 Q_1，而在失磁后从系统吸收无功功率 Q_2，则系统中将出现 $Q_1 + Q_2$ 的无功功率差额。

（2）由于从电力系统中吸收无功功率将引起电力系统的电压下降，如果电力系统的容量较小或无功功率的储备不足，则可能使失磁发电机的机端电压、升压变压器高压侧的母线电压或其他邻近点的电压低于允许值，从而破坏了负荷与各电源间的稳定运行，甚至可能因电压崩溃而使系统瓦解。

（3）由于失磁发电机吸收了大量的无功功率，因此为了防止其定子绕组的过电流，发电机所能发出的有功功率将较同步运行时有不同程度的降低，吸收的无功功率越大，则降低得越多。

（4）失磁后发电机的转速超过同步转速，因此，在转子及励磁回路中将产生频率为 $f_f - f_s$ 的交流电流，因而形成附加的损耗，使发电机转子和励磁回路过热。显然，当转差率越大时，

所引起的过热也越严重。

根据以上分析，结合汽轮发电机的情况来看，由于其异步功率比较大，调速器也比较灵敏，因此，当超速运行后，调速器立即关小气门，使汽轮机的输出功率与发电机的异步功率很快达到平衡，在转差率小于 0.5%的情况下即可稳定运行。故汽轮机在很小的转差率下异步运行一段时间，原则上是允许的。此时，是否需要并允许其异步运行，则主要取决于电力系统的具体情况。例如，当电力系统的有功功率供应比较紧张，同时一台发电机失磁后，系统能够供给它所需要的无功功率，并能保证电网的电压水平时，则失磁后就应该继续运行；反之，如系统中有功功率有足够的储备，或者系统没有能力供给它所需要的无功功率，则失磁后就不应该继续运行，即应该跳闸。

对水轮机而言，考虑到：①其异步功率较小，必须在较大的转差下运行，才能发出较大的功率；②由于水轮机的调速器不够灵敏，时滞较大，甚至可能在功率尚未达到平衡以前就大大超速，从而使发电机与系统解列；③其同步电抗较小，如果异步运行，则需要从电网吸收大量的无功功率；④其纵轴和横轴很不对称，异步运行时，机组振动较大等因素的影响，因此水轮发电机一般不允许失磁后继续运行，即应该立即跳闸。

二、发电机失磁后的机端测量阻抗

以汽轮发电机经一联络线与无穷大系统并列运行为例，其等值电路和正常运行时的向量图如图 7-6 所示。图中 E_d 为发电机的同步电势；U_f 为发电机端的相电压；U_s 为无穷大系统的相电压；I 为发电机的定子电流；X_d 为发电机的同步电抗；X_s 为发电机与系统之间的联系电抗；$X_\Sigma = X_d + X_s$；φ 为受端的功率因数角；δ 为 E_d 和 U_s 之间的夹角（即功角）。

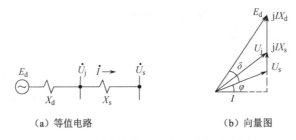

（a）等值电路　　　　　　　（b）向量图

图 7-6　发电机与无限大系统并列运行

根据电机学中的分析，发电机送到受端的功率 $W = P - jQ$ 分别为：

$$P = \frac{E_d U_s}{X_\Sigma} \sin \delta$$

$$Q = \frac{E_d U_s}{X_\Sigma} \cos \delta - \frac{U_s^2}{X_\Sigma}$$

受端的功率因数角为：

$$\varphi = \text{tg}^{-1} \frac{Q}{P}$$

在正常运行时，$\delta < 90°$。一般当不考虑励磁调节器的影响时，$\delta = 90°$ 为稳定运行的极限，$\delta > 90°$ 后发电机失步。

发电机从失磁开始到进入稳定异步运行，一般可分为三个阶段：

1. 失磁后到失步前——等有功阻抗圆阶段

因为在失磁后到失步前的阶段中，转子电流逐渐衰减，E_d 随之减小，发电机的电磁功率 P 开始减小，由于原动机所供给的机械功率还来不及减小，于是转子逐渐加速，使 $\dot{E}_d$ 与 $\dot{U}_s$ 之间的功角 δ 随之增大，P 又要回升。在这一阶段中，$\sin\delta$ 的增大与 E_d 的减小相补偿，基本上保持了电磁功率 P 不变，所以叫这个阶段为等有功阻抗圆阶段。如图 7-7 所示为等有功阻抗圆。

与此同时，无功功率 Q 将随着 E_d 的减小和 δ 的增大而迅速减小，按 Q 的计算公式计算的 Q 值将由正变为负，即发电机变为吸收感性的无功功率。在这一阶段中，发电机端的测量阻抗计算从略。

从如图 7-7 所示的等有功阻抗圆可以看到，发电机失磁以前，向系统送出无功功率，φ 角为正，测量阻抗位于第一象限。失磁以后，随着无功功率的变化，φ 角由正值变为负值，因此测量阻抗也沿着圆周由第一象限过渡到第四象限。

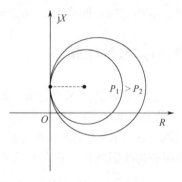

图 7-7　等有功阻抗圆

2. 临界失步点——等无功阻抗圆阶段

对汽轮发电机组，当 $\delta=90°$ 时，发电机处于失去静稳定的临界状态，故称为临界失步点。根据公式计算作出的向量图如图 7-8 所示，称之为临界失步阻抗圆，也称等无功阻抗圆。

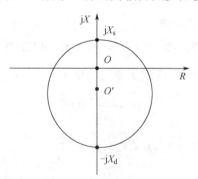

图 7-8　临界失步阻抗圆（等无功阻抗圆）

3. 失步后的异步运行阶段

前面已经分析，当一台发电机失磁前在过激状态下运行时，其机端测量阻抗位于复数平面的第一象限，（如图 7-9 中的 a 或 a′点），失磁以后，测量阻抗沿等有功阻抗圆向第四象限移动。当它与临界失步圆相交时（b 或 b′点），表明机组运行处于静稳定的极限。越过 b（或 b′）点以后，转入异步运行，最后稳定运行于 c（或 c′）点，此时，平均异步功率与调节后的原动机输入功率相平衡。

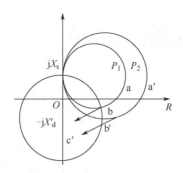

图 7-9　发电机端测量阻抗在失磁后的变化轨迹

三、发电机在其他运行方式下的机端测量阻抗

为了便于和失磁情况下的机端测量阻抗进行比较，我们分别对发电机的下列几种运行情况下的机端测量阻抗进行了分析。

（1）发电机正常运行时的机端测量阻抗；

（2）发电机外部故障时的机端测量阻抗；

（3）发电机与系统间发生振荡时的机端测量阻抗；

（4）发电机自同步并列时的机端测量阻抗。

具体分析情况从略，总之，这些运行方式下和失磁后的机端测量阻抗是不同的，这就为我们设计失磁保护提供了理论依据。

四、失磁保护的构成方式

失磁保护应能正确反应发电机的失磁故障，而在发电机外部故障、电力系统振荡、发电机自同步并列以及发电机低励磁（同步）运行时不误动作。

根据发电机容量和励磁方式的不同，失磁保护的方式有如下两种：

（1）利用自动灭磁开关联锁跳开发电机断路器；

（2）利用失磁后发电机定子各参数变化的特点构成失磁保护，很显然这种保护应该是第一类继电保护。

第六节　发电机的逆功率保护

大型汽轮机在运行中由于各种原因将关闭主气门后，发电机将从电力系统吸收能量变为电动机运行。由于逆功率运行时没有蒸气流过汽轮机，故风损造成的热量不能被带走，汽轮机叶片将会过热而导致损坏。而且发电机变为电动机运行时，汽轮机可能有齿轮损坏的问题。

故为了及时发现发电机的逆功率运行的异常工作状况，一般对大、中型机组都装设逆功率保护。保护装置由灵敏的功率继电器构成，带时限动作于信号，经长时限动作于解列。

第七节　发电机的失步保护

对于中小机组，通常都不装设失步保护。当系统发生振荡时，由运行人员来判断，然后利用人工增加励磁电流、增加或减少原动机出力、局部解列等方法来处理。对于大机组，这样处理将不能保证机组的安全，通常需要装设用于反应振荡过程的专门的失步保护。

此外，应用于发电机的保护还有发电机低频保护、非全相运行保护、过电压保护等。

第八节　发电机-变压器组继电保护的特点

随着大容量机组和大型发电厂的出现，发电机-变压器组的接线方式在电力系统中获得了广泛的应用。在发电机和变压器每个元件上可能出现的故障和不正常运行状态，在发电机-变压器组上也都可能发生，因此，其继电保护装置应能反应发电机和变压器单独运行时所应该反应的那些故障和不正常运行状态。例如，在一般情况下，应装设纵差动保护、横差动保护（当发电机有并联的支路时）、瓦斯保护、定子绕组单相接地保护、后备保护、过负荷保护以及励磁回路故障的保护等。

一、发电机-变压器组保护的定义

发电机和变压器的成组连接，相当于一个工作元件，因此，就能把发电机和变压器中某些性能相同的保护合并成一个对全组公用的保护。例如，装设公共的纵差动保护、后备（过电流）保护、过负荷保护等。这样的结合，可使发电机-变压器组的继电保护变得较为简单和经济。这个观点和以前说过的能用简单的就绝不用复杂的相一致。

二、发电机-变压器组纵差动保护及发电机电压侧单相接地保护的特点

1. 发电机-变压器组纵差动保护的特点

（1）当发电机和变压器之间无断路器时，一般装设整组共用的纵差动保护。但对大容量的发电机组，发电机应补充装设单独的纵差动保护，对于水轮发电机和绕组直接冷却的汽轮发电机，当公用的差动保护整定值大于 1.5 倍发电机额定电流时，发电机也应补充装设单独的纵差动保护。

（2）当发电机与变压器之间有断路器时，发电机与变压器应分别装设纵差动保护。

（3）当发电机与变压器之间有分支线时（如厂用电出线），应把分支线也包括在差动保护范围以内，这时分支线上电流互感器的变比应与发电机回路的电流互感器变比相同。

2．发电机电压侧单相接地保护的特点

对于发电机-变压器组，由于发电机与系统之间没有电的联系，因此，发电机定子接地保护就可以简化。

对于发电机-变压器组，其发电机的中性点一般不接地或经消弧线圈接地。发生单相接地的电容电流（或补偿后的接地电流）通常小于允许值，故接地保护可以采用零序电压保护，并作用于信号。但对于大容量的发电机也应装设保护范围为 100% 的定子接地保护。

三、发电机-变压器组继电保护的配置举例

下面以一个具有厂用分支线容量为 25MW～50MW 的发电机及双卷变压器组的保护配置进行简要说明。

（1）纵差动保护；

（2）瓦斯保护；

（3）发电机的横差动保护；

（4）发电机侧单相接地保护；

（5）发电机失磁保护；

（6）变压器高压侧零序保护；

（7）复合电压启动的过电流保护以及对称过负荷保护等。

本章总结

发电机作为电源无疑是十分贵重的一次设备，它的安全稳定运行对保证电力系统的正常工作和电能质量起着决定性的作用，本章应掌握以下的重点：

1．发电机有哪些主保护，哪些后备保护。

2．发电机的差动保护（纵差动保护、横差动保护）各有何特点。

3．为什么发电机要装设单相接地保护？发电机 100% 定子接地保护是如何构成的？为什么对 100MW 以上的大机组，一定要装设 100% 的定子接地保护？

4．负序电流对发电机有什么危害？

5．掌握发电机失磁的原因及其危害，重点掌握失磁后的物理过程，特别是机端测量阻抗的变化，即从失磁开始到进入稳定异步运行的三个阶段（等有功阻抗圆阶段、等无功阻抗圆阶段、失步后的异步运行阶段）。

6．了解失磁保护的一般构成原则，水轮发电机与汽轮发电机在失磁保护构成方式上有何区别？

7．什么是发变组保护？发变组保护有何特点？

第八章
母线保护

第一节 母线故障和装设母线保护的基本原则

一、母线故障

和发电机、变压器一样，发电厂和变电所的母线也是电力系统中的一个重要组成元件，当母线上发生故障时，将使连接在故障母线上的所有元件在修复故障母线期间，或转换到另一组无故障的母线上运行以前被迫停电。此外，在电力系统中枢纽变电所的母线上故障时，还可能引起系统稳定的破坏，导致电力系统瓦解，后果十分严重。

1．母线故障的原因

母线电压互感器和电流互感器的故障；母线隔离开关和断路器的支持绝缘子损坏；运行人员的误操作等。

2．母线主要故障类型

各种类型的接地和相间短路。

3．母线故障的保护方式

利用供电元件的保护切除母线故障的保护和采用专用母线保护。

（1）利用其他供电元件的保护装置来切除母线故障，如图 8-1～8-3 所示。

利用供电元件的保护来切除母线故障，不需另外装设保护，简单、经济，但故障切除的时间一般较长。

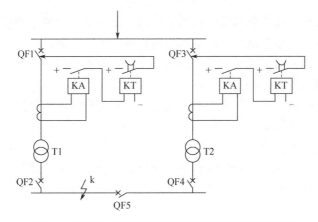

图 8-1 利用变压器的过电流保护切除低压母线故障

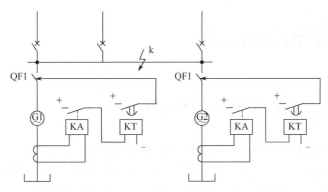

图 8-2 利用发电机的过电流保护切除母线故障

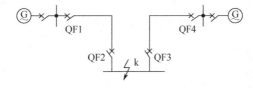

图 8-3 利用线路保护切除母线故障

（2）装设专用母线保护

①110kV 及以上双母线和分段母线。

②110kV 单母线，重要发电厂或 110kV 以上重要变电所的 35～66kV 母线，需要快速切除母线上的故障时。

③35～66kV 电力网中主要变电所的 35～66kV 双母线或分段单母线，在母联或分段断路器上装设解列装置和其他自动装置后，仍不满足电力系统安全运行的要求时。

④发电厂和主要变电所的 3～10kV 分段母线或并列运行的双母线，须快速地切除一段或一组母线上故障时，或者线路断路器不允许切除线路电抗器前的短路时。

二、母线差动保护的特点

母线差动保护的特点是在母线上一般连接着较多的电气元件（如线路、变压器、发电机、电抗器等）。例如，许继公司的 WMH-800 系列微机母线保护最多可以连接 24 个电气元件。

由于连接元件多，因此，就不能像发电机的差动保护那样，只用简单的接线加以实现。但不管母线上元件有多少，实现差动保护的基本原则仍是适用的。即：

（1）在正常运行以及母线范围以外故障时，在母线上所有连接元件中，流入的电流和流出的电流相等，或表示为 $\sum I = 0$ ；

（2）当母线上发生故障时，所有与电源连接的元件都向故障点供给短路电流，而在供电给负荷的连接元件中电流等于零，因此，$\sum I = I_{\mathrm{d}}$（短路点的总电流）；

（3）如从每个连接元件中电流的相位来看，则在正常运行以及外部故障时，至少有一个元件中的电流相位和其余元件中的电流相位是相反的，具体说来，就是电流流入的元件和电流流出的元件这两者的相位相反。而当母线故障时，除电流等于零的元件以外，其他元件中的电流则是同相位的。

第二节 单母线保护

一、完全电流差动母线保护的工作原理

完全电流差动母线保护，是在母线的所有连接元件上装设具有相同变比和特性的电流互感器。因为在一次侧电流总和为零时，母线保护用电流互感器必须具有相同的变比 n_1，才能保证二次侧的电流总和也为零。所有互感器的二次线圈在母线侧的端子互相连接，另一侧的端子也互相连接，然后接入差动继电器。这样，继电器中的电流 I_{j} 即为各个二次电流的向量和。完全电流差动母线保护的工作原理图如图 8-4 所示。

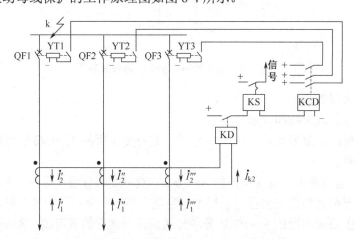

图 8-4 完全电流差动母线保护的工作原理图

正常运行或外部故障：流入母线的电流和流出母线的电流之和等于零。

$$\dot{I}_1' + \dot{I}_1'' + \dot{I}_1''' = 0$$

$$\dot{I}_{\mathrm{k}2} = \dot{I}_2' + \dot{I}_2'' + \dot{I}_2''' = \frac{1}{K_{\mathrm{TA}}}[(\dot{I}_1' - \dot{I}_{\mathrm{e}}') + (\dot{I}_1'' + \dot{I}_{\mathrm{e}}'') + (\dot{I}_1''' - \dot{I}_{\mathrm{e}}''')] = \dot{I}_{\mathrm{unb}}$$

母线故障：

$$\dot{I}_\text{k} = \dot{I}_1' + \dot{I}_1'' + \dot{I}_1'''$$

流入差动继电器的电流：

$$\dot{I}_{\text{k}2} = \frac{1}{n_\text{TA}}(\dot{I}_1' + \dot{I}_1'' + \dot{I}_1''') = \frac{1}{n_\text{TA}}\dot{I}_\text{k}$$

二、差动继电器动作电流的整定

1. 躲过外部短路时的最大不平衡电流

$$I_\text{act}=K_\text{rel}I_\text{unb.max}=K_\text{rel}\times0.1I_\text{k.max}/n_\text{TA}$$

2. 躲过最大负荷电流

$$I_\text{act}=K_\text{rel}I_\text{L.max}/n_\text{TA}$$

3. 灵敏系数

$$K_\text{sen}=\frac{I_\text{k.min}}{I_\text{act}}$$

这种保护方式适用于单母线或双母线经常只有一组母线运行的情况。也就是说，只适合于单母线方式。

第三节 双母线保护

对于双母线经常以一组母线运行的方式，在母线上发生故障后，将造成全部停电，需把所连接的元件倒换至另一组母线上才能恢复供电，这是一个很大的缺点。为此，在发电厂以及重要变电所的高压母线上，一般都采用双母线同时运行（母线联络断路器经常投入），而每组母线上连接一部分（大约 1/2）供电和受电元件的方式，这样当任一组母线上故障后，就只影响到一半的负荷供电，而另一组母线上的连接元件则仍可以继续运行，这就大大地提高了供电的可靠性。此时就必须要求母线保护具有选择故障母线的能力、有选择地切除故障的母线。双母线同时运行保护原理图如图 8-5 所示。

（1）保护组成

第一组由 L1、L2、母联及差动继电器 KD1 组成。

第二组由 L3、L4、母联及差动继电器 KD2 组成。KD2 为Ⅱ段母线故障选择元件。

第三组由所有线路、母联及差动继电器 KD3 组成，作为整个保护启动元件。

（2）结论

①固定连接未破坏，区外短路故障时，保护不启动；内部故障时保护动作具有选择性。

②固定连接破坏，外部短路故障时，保护不会误动。

③固定连接破坏，且内部发生短路故障时，保护将失去选择性。

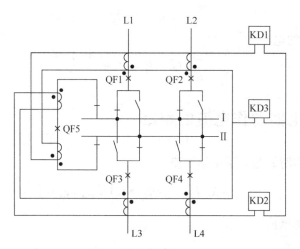

图 8-5 双母线同时运行保护原理图

第四节 断路器失灵保护

所谓断路器失灵保护，是指当故障线路的继电保护动作发出跳闸脉冲后，断路器拒绝动作时，能够以较短的时限切除同一发电厂或变电所内其他有关的断路器，将故障元件隔离，使停电范围限制到最小程度，从而保证整个电网的稳定运行，避免造成发电机、变压器等故障元件的严重烧损和电网的崩溃瓦解事故的一种近后备保护。任一断路器失灵时，来自外部该元件的失灵启动接点启动失灵保护，失灵保护判出该元件所在的母线，并经设定的延时时间切除母联和失灵元件所在的母线。

由于断路器失灵保护要动作于跳开一组母线上的所有断路器，而且在保护的接线上将所有断路器的操作回路都连接在一起，因此，应注意提高失灵保护动作的可靠性，以防止误动而造成严重的事故。

规定：在 220kV～500kV 电力网中以及 110kV 电力网个别重要部分，按下列规定装设断路器失灵保护。

（1）线路保护采用近后备方式且断路器确有可能发生拒动时；对于分相操作的断路器，可只考虑断路器单相拒绝动作的情况。

（2）线路保护采用远后备方式且断路器确有可能发生拒动时；如果由其他线路或变压器的后备保护切除故障，将扩大停电范围（例如，采用多角形接线、双母线或分段单母线等接线）并引起严重后果时。

（3）如断路器和电流互感器之间距离较长，在其间发生故障不能由该回路主保护切除，而由其他线路和变压器后备保护切除又将扩大停电范围并引起严重后果时。

一、断路器失灵保护的基本构成及作用

1. 断路器失灵保护的基本原理图（图 8-6）

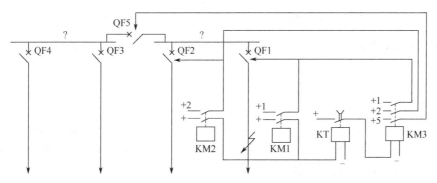

图 8-6　断路器失灵保护的基本原理图

2. 断路器失灵保护的逻辑框图（图 8-7）

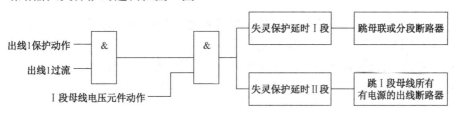

图 8-7　断路器失灵保护的逻辑框图

二、断路器失灵保护的动作条件

（1）故障引出线的保护装置出口继电器动作后不返回。

（2）在保护范围内仍然存在故障（断路器拒动且故障仍未消除）。当母线上引出线较多时，鉴别元件采用检查母线电压的低电压元件（或复合电压元件、负序过电压元件等）；当母线上引出线较少时，鉴别元件采用检查故障电流的电流元件。

800 系列断路器失灵保护组屏有三种方式：

①和母线保护同组一面屏，作为母线保护的一个功能，与母线保护共用一个出口回路；

②单独组屏并加电流判断，硬件配置与 WMH-800 相同；

③单独组屏不加电流判断。

第五节　母线其他保护

1. JMH-1 中阻母差保护

JMH-1 中阻母差保护是许继公司 20 世纪 80 年代中期从瑞典引进的 RADSS 母差保护，是一种电磁型和集成电路的混合型母差保护。所谓中阻差动母线保护是指这种保护的差动回

路总电阻为 200Ω 欧左右，相对较大，因而在外部短路时不平衡电流较小；同时因保护回路主要是有效电阻，时间常数很小，因而动作速度很快，即半个周波动作。此外，还具有抗 CT 饱和能力强等特点，因而在二十世纪 80 年代至 90 年代中期在电力系统中被广泛采用。

2. WMH-100 系列微机母线保护

这是在 JMH-1 中阻母差的基础上，在 20 世纪 90 年代中后期推出的第一代 16 位机的微机母差保护。

3. WMH-800 系列微机母线保护

这是许继公司最新推出的 32 位机微机母线保护，它具有以下几个主要特点：

（1）采用国内比较成熟的具有比率制动特性的差动保护原理，设置大差及各段母线小差，大差作为母线区内故障的判别元件，小差作为故障母线的选择元件。

（2）自适应能力强，可以适应母线的各种运行方式，倒闸过程自动识别，不需退出保护。

（3）采用瞬时值电流差动算法，保护动作速度快（即半个周波）、可靠性高、抗干扰能力强。

（4）具有完善的抗 CT 饱和措施，确保母线外部故障 CT 饱和时装置不误动；而当发生区内故障由区外转至区内时，保护可靠动作。

（5）对主 CT 变比无特殊要求，允许母线上各连接元件 CT 变比不一致。

（6）系统容量大，适应于 24 个及 24 个以下连接元件的各种主接线的母线（注：一面屏）。

本章总结

本章学习了母线保护，读者应着重掌握以下几点：

1. 装设母线保护的基本原则是什么？
2. 和其他的差动保护相比较，母线差动保护有什么特点？
3. 举例说说有哪些母线保护？许继的 WMH-800 系列微机母线保护有什么特点？
4. 什么是断路器失灵保护？它的作用是什么？它需要具备什么条件才能启动？

第九章
微机保护概述

第一节 微机保护系统简介

一、微机保护的发展过程

自 20 世纪初，第一台机电型感应式过电流继电器在电力系统应用以来，电力系统继电保护的发展已经经历了一个世纪。在最初的 20 多年时间里，各种继电保护原理相继出现。主要有电流保护、差动保护、距离保护、高频保护等。这些保护在原理上都是利用故障后的电气量来检测故障的。基于上述原理的继电保护装置，在实现手段上，经历了机电型、电磁型、整流型、晶体管型、集成电路型和微机型的发展过程，但保护原理尚未发生质的改变。常规继电保护的基本原理，仍主导着电力系统的继电保护领域。

利用计算机实现继电保护的设想，早在 20 世纪 60 年代就已提了出来，但是，由于受当时的技术和经济的限制，把计算机用于继电保护领域的研究，主要是做理论探索，着重于继电保护算法的研究、数字滤波器的设计和实验室样机的实验。例如，英国剑桥大学的 P.G.Mclaren 等人在 1965 年发表了《采样技术在输电线路距离保护中的应用技术》，澳大利亚新南威尔士大学的 I.F.Morrison 在 1966 年发表了《输配电系统在线计算机控制的前景》，美国西屋公司的 G.D.Rockeffdlerd 在 1969 年开始研制具体的微型机继电保护装置，并于 1972 年发表了试运样机的原理结构和现场试验结果。在这一阶段，虽然没有使计算机继电保护得以实现，但是，大量的研究成果都为计算机继电保护的进一步发展奠定了坚实的基础。到了 70 年代初期，计算机的制造技术出现了重大的突破，大规模集成电路的制造技术的飞速发展和应用，使得以微处理器为核心的微型计算机进入了实用阶段，具体表现在体积缩小、价格大幅度下降、工作可靠性和计算速度等多方面有了大幅度的提高，带来了微型机继电保护的研究高潮。微机继电保护具有一系列特点：

①可以集主保护、后备保护的完整功能于一身，最适合于在 220kV 及以上电压电网线路、大中型发电机组以及重要电力设备上实现完全独立的双重化保护；

②远方通信功能，管理人员可以随时监测保护装置的运行状态、调用数据、改变定值，为现代化管理提供了必要的物质基础；

③自检功能，自动故障定位，即时发出警报，用备用插件置换故障部件，可以在实验室集中进行专业检修；

④性能价格比方面，微型机继电保护装置与常规模拟式继电保护装置相比较，有无可比拟的优点。

正是由于上述特点，它的出现很快得到接受和欢迎。在国内外学者的辛勤努力下，电力系统微型机继电保护得到了迅速的发展，进入了实用化阶段。到 90 年代的中后期，微型机继电保护装置已经在电力系统中得到广泛的应用。

我国计算机继电保护的研究起步较晚，起初是由华北电力大学、华中理工大学等高校和原电力部南京自动化研究所的继电保护科研人员在吸取国外先进研究成果的基础上，经过几年的努力，逐步进入实用化阶段。自 1984 年由华北电力大学杨奇逊教授研制的第一代微型高压输电线路继电保护装置投入现场运行起，我国的电力系统微型机继电保护的研制得到了迅速的发展。在输电线路保护、主设备保护、变电站综合自动化、故障状态监测、故障录波和故障测距等领域，微型机继电保护都取得了引人瞩目的成果。最新研制的具有高可靠性、抗干扰和网络通信能力较强的第三代 32 位微型机继电保护装置现已在电力系统投入使用，标志着我国的微型机继电保护装置的制造和研究都已经达到国际水平。

二、微机保护的基本构成

微型机继电保护是以微型机为核心，利用微型机的智能化信息处理功能，对检测到的反映电力系统运行状态的电气量进行分析和计算，根据结果来实现对输电线路或电气元件的继电保护。因此，为了使微型机获取电力系统运行的信息，必须配置反映电力系统运行的有关电气量运行状态的数据采集系统、开关量输入电路和发出控制命令的开关量输出电路。此外，还需要配置人机对话微型机系统，向微型机继电保护装置送入有关的计算和操作程序、继电保护整定值、输出有关记录保护动作的信息，便于技术人员进行事故分析和输入整定值校验。在此，我们仅介绍微型机继电保护装置硬件电路的一般构成原则。

通常，微型机电保护装置的硬件电路由五个功能单位构成，即数据采集系统、微型机系统、开关量输入/输出电路、工作电源和人机对话微型机系统，如图 9-1 所示。

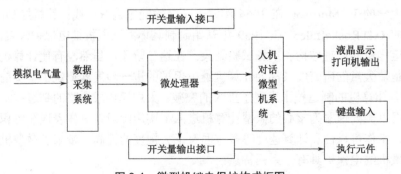

图 9-1　微型机继电保护构成框图

1．数据采集系统

微型机只能接受数字量，无法接受来自电气设备电流互感器或电压互感器二次侧的模拟电气量。因此，必须配置相应的硬件电路——数据采集系统，将模拟电气量转换成对应的数字量，把反映电气设备的运行模拟电气量以数字量的形式送入微型机，供继电保护功能程序使用，实现对电气设备的继电保护。

将模拟电气量转换数字量的硬件设备称为微型继电保护的数据采集系统。

2．微型机系统

微型计算机是微型机继电保护的核心部分。目前，在微型机继电保护中，微型机系统有多种配置方式：

（1）用一片微处理器（CPU）配备存放工作程序的只读存储器 ROM、随机存储器 RAM，接口芯片——并行接口芯片和串行接口芯片、定时/计算芯片等的微型机系统称为单微型机系统或单 CPU 系统。

（2）用两片或两片以上的微处理器配备相应的内存和接口芯片构成的微型机系统称为多微型机系统或多 CPU 系统。

在用一片微处理器构成的微型机继电保护装置中，整套装置的所有继电保护功能都是在一个微处理器的管理下，通过继电保护程序来实现的。各种保护功能程序以串行的方式依次执行；而用多片微处理器构成的微型机继电保护装置中，由于有多片微处理器，可能将保护功能程序分配给不同的微处理器，各微处理器之间以并行方式执行继电保护功能程序，这样，缩短了保护功能程序执行时间，提高了保护动作的速动性。用多片微处理器构成的微型机继电保护装置是电力系统微型机继电保护发展的必然趋势。

3．开关量输入/输出接口电路

开关量输入/输出接口电路是微型机继电保护装置与外部设备的联系部件。这些部件主要用来接收来自外部设备和向外部设备发送开关量信号，用来实现微型机继电保护装置与外部设备之间的控制逻辑。

通常，在输入接口电路上所遇到的开关量信号主要有：保护功能投入/退出的连接片、保护屏上的切换开关、其他保护元件工作的触点等信息，这些信息以开关量信号的方式从输出接口电路输送出去驱动一些执行元件，如启动继电器、中间继电器、跳闸继电器和信号继电器等。

4．电源

微型机继电保护装置的工作电源是微型机继电保护装置的重要组成部分。电源工作的可靠性将直接影响到整个微型机继电保护装置在线运行的可靠性。电源要求具有独立性，不能受系统电压变化的影响。微型机继电保护装置不仅要求电源的电压等级多，而且要求电源的性能好，稳定性高，抗干扰能力强。

在微型机继电保护装置中的工作电源，通常采用逆变稳压电源。根据需要提供的直流电压有+5V、±15V、+24V 等几个电压等级，同时各级电压之间不共地，防止损坏芯片及避免相互干扰。

5．人机对话微型机系统

人机对话微型机系统作为人机联系的主要手段，利用键盘操作，可输入各种保护命令、继电保护整定值的存放地址等。利用打印机、液晶显示器作为人机联系的输出设备。同时，利用人机对话微型机系统，一方面可以实现对各执行保护功能程序的微型机系统进行自检，有利于提高微型机继电保护装置在线运行的可靠性。另一方面还可以把系统的故障类型和继电保护整定值、保护动作行为等信息量，通过专用的接口输送到计算机互联网，为电力系统自动化提供所需的继电保护信息，实现对整个电力系统继电保护的在线网络化管理。

三、微机保护的特点

与常规模拟式继电保护相比，微型机继电保护具有以下特点：

1．逻辑判断清楚、正确

在复杂的保护中，要对若干相关继电器的动作进行逻辑判断后，才能决定保护是否动作。机电型保护由触点构成逻辑回路，保护装置工作的可靠性较差；模拟式静态保护则由门电路构成逻辑电路，保护装置的结构复杂；而微型机继电保护中主要是由程序实现逻辑判断，在微型机继电保护中，不论逻辑关系如何复杂，都可以按照人的思维逻辑编写程序，十分灵活不会出错（但要注意设置的标志要在适当的时候清除，否则在下一次执行程序时要出现错误）。所以，不论保护功能如何复杂，这些功能之间的复杂逻辑关系都编制在一个程序之中，都能正确反映出设计的思路，不易出错，并且程序被正确地复制在成批生产的微型继电保护装置之中。所以与常规继电保护装置相比较，微型机继电保护的应用，使复杂的继电保护原理，在实现的手段上得到了简化，继电保护的正确动作率得到了显著的提高。

2．微型机继电保护可以实现常规模拟式继电保护无法实现的优良保护性能

微型机继电保护既能对以瞬时值也能对以相量表达的动作判据进行计算，不仅能计算交流输入量，也能计算出其对时间的导数和积分值。微型机可以方便地储存故障前和故障后的系统运行数据，利用相关的算法可以计算出反映故障的特征量，为采用故障分量法和其他新的科学方法实现保护原理提供所需的故障电气量的采样数据。所以，微型机继电保护可以实现常规模拟式继电保护无法实现的优良性能。

3．调试维护方便

目前，在系统运行的整流型和晶体管型继电保护装置的调试工作量大，尤其是一些复杂保护，调试项目多，周期较长，而且难以保证其调试质量。而微型机继电保护则不同，其动作是微型机直接按动作判据进行数学运算的结果。微型机继电保护中的保护功能是由软件实现的，保护功能元件的动作没有机械障碍。不同相别保护功能元件在性能上没有差别，批量生产的装置因程序相同，保护功能元件的性能及逻辑控制关系也一定完全相同。所以，在微型机继电保护装置中，没有必要像对待常规保护装置那样对逐个保护功能元件进行调试。

在微型机继电保护装置中都能显示出交流量的值。因而可以方便地通过校验来检验这些显示的值是否正确，据此确认各交流量的输入通道、模数转换器（A/D）及微型机运行的正确性。

对于开关量输入通道的检验，可采用先输入开关量信号，然后利用指示灯来显示并检验该通道是否正确工作，相关的保护功能是否被正确地投入或闭锁。

对于输出的开关量信号检验也同样是必须的。例如，对于线路距离保护功能的检验，应该模拟在各种不同类型故障下，保护装置是否按整定的数值，正确发出单相或三相跳闸命令，在电压互感器断线时，装置是否被可靠地闭锁等。

所以，对微型机继电保护装置的检验和调试的主要内容是检验各个模拟输入和开关量输入/输出电路是否完好，确认各项保护功能是否达到设计要求。这些检验调试项目和内容与常规保护装置相比可大大地简化，检验周期可以延长。

4．在线运行的可靠性高

微型机继电保护装置可以利用软件实现在线自检，极大地提高了其在线运行工作的可靠性。在软件程序指挥下，微型机继电保护装置可以在线实时地对有关硬件电路中各个环节进行自检，多个微处理器系统之间还可以实现互检。利用有关的硬件相结合技术，可有效防止干扰进入微型机继电保护后可能造成的严重后果。实践证明，在保护装置运行的可靠性方面，微型机继电保护装置已经远远地超过了常规继电保护装置。

5．能够提供更多的系统运行的信息量

借助于人机联系的微型机系统，可以将有关的系统运行信息，通过打印机输出，如系统故障类型、故障发生的时间、保护动作时间、故障前后的电流电压波形、故障测距的结果等信息量，为事故分析和故障点的快速恢复提供所需的数据。此外，通过专用的计算机接口，实时地把继电保护整定值，保护动作行为的有关信息输送给电网调度互联网，为电力系统自动化提供所需的继电保护信息；同时，还可以接受电网调度发来的继电保护命令，所有这些，常规继电保护装置是无法做到的。

第二节　微机保护的硬件框图简介

微机保护装置硬件系统按功能可分为（如图9-2所示）：

（1）数据采集单元。

（2）数据处理单元。

（3）开关量输入/输出接口。

（4）通信接口。

（5）电源。

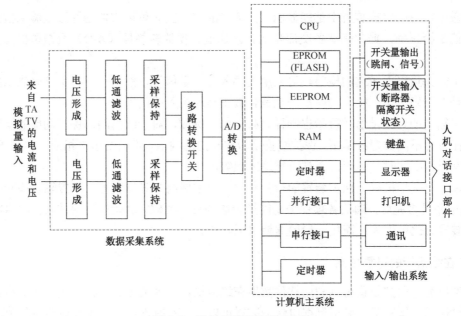

图 9-2　微机保护硬件系统框图

一、数据采集系统

1. 电压形成回路

在微机保护中通常要求输入信号为±5V 或±10V 的电压信号,取决于所用的模数转换器的型号。电压变换常采用小型中间变换器来实现。电流变换器、电压变换器和电抗变换器的原理图分别如图 9-3(a)～(c)所示,图 9-2(d)是电抗变换器的原理结构图。

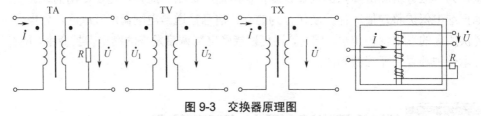

图 9-3　交换器原理图

2. 采样保持电路

采样就是将连续变化的模拟量通过采样器加以离散化,其过程如图 9-4 所示。模拟量连续加于采样器的输入端,由采样控制脉冲控制采样器,使之周期性的短时开放输出离散脉冲。采样脉冲宽度为 T_C,采样脉冲周期为 T_S。采样器的输出是离散化了的模拟量。

继电保护算法是多输入而且要求同时采样,再依次顺序送到公用的 A/D 转换器中去的,微机保护中通常需要采样保持电路。

目前,采样保持电路大多集成在单一芯片中,但芯片内不设保持电容,需用户外设,常选 0.01μF 左右,如图 9-5 所示。常用的采样保持芯片有 LF198、LF298、LF398 等。

3. 模拟低通滤波器(ALF)

滤波器是一种能使有用频率信号通过,同时抑制无用频率信号的电路。对微机保护系统来说，在故障初瞬间，电压、电流中可能含有相当高的频率分量（如 2kHz 以上），为防止频率混叠，采样频率不得不取值很高，从而对硬件速度提出过高的要求。但实际上，在这种情况下可以在采样前用一个低通模拟滤波器（ALF）将高频分量滤掉，这样就可以降低采样频率，降低对硬件速度的要求。

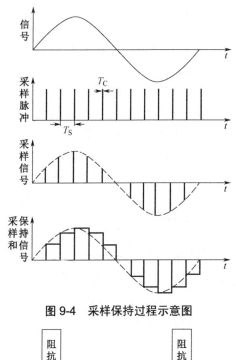

图 9-4 采样保持过程示意图

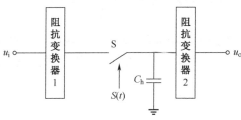

图 9-5 户外装设采样保持电路

模拟低通滤波器通常分为两大类。一类是无源滤波器，由 RLC 元件构成；另一类是有源滤波器，主要由 RC 元件与运算放大器构成。

目前，微机保护中，采样频率常采用 600Hz（即每工频周波采样 12 个点）、800Hz 等。

4. 模拟多路转换开关(MUX)

在实际的数据采集系统中，被模数转换的模拟量可能是几路或十几路，利用多路开关 MUX 轮流切换各被测量与 A/D 转换电路的通路，达到分时转换的目的。在微机保护中，各个通道的模拟电压是在同一瞬间采样并保持记忆的，在保持期间各路被采样的模拟电压依次取出并进行模数转换，但微机所得到的仍可认为是同一时刻的信息（忽略保持期间的极小衰减），这样按保护算法由微机计算得出正确结果。

5. 模数转换器(A/D)

模数转换器（A/D）是数据采集系统的核心，它的任务是将连续变化的模拟信号转换为数字信号，以便计算机进行处理、存储、控制和显示。A/D 转换器主要有以下各种类型：逐位比较（逐位逼近）型、积分型、计数型、并行比较型、电压频率（即 V/F）型等。

二、计算机主系统

微机保护的计算机主系统有中央处理器（CPU）、只读存储器 EPROM、电擦除可编程只读存储器 EEPROM、随机存取存储器 RAM、定时器等。

（1）CPU 执行控制及运算功能。

（2）EPROM 主要存储编写好的程序，包括监控、继电保护功能程序等。

（3）EEPROM 可存放保护定值，可通过面板上的小键盘设定或修改保护定值。

（4）RAM 作为采样数据及运算过程中数据的暂存器。

（5）定时器用以记数、产生采样脉冲和实时钟等。

（6）CPU 主系统的常见外设，如小键盘、液晶显示器和打印机等用于实现人机对话。

三、开关量输入/输出系统

微机保护所采集的信息通常可分为模拟量和开关量。无论何种类型的信息，在微机系统内部都是以二进制的形式存放在存储器中。断路器和隔离开关、继电器的接点、按钮和普通的开关、刀闸等都具有分、合两种工作状态，可以用 0、1 表示，因此，对它们的工作状态的输入和控制命令的输出都可以表示为数字量的输入和输出。

开关量输入有两类：

（1）可以与 CPU 主系统使用共同电源，无需电气隔离的开关量输入。

（2）与 CPU 主系统使用不同电源，需要电气隔离的开关量输入。如断路器、隔离开关的辅助触点、继电器触点等。

接线图如图 9-6 所示。

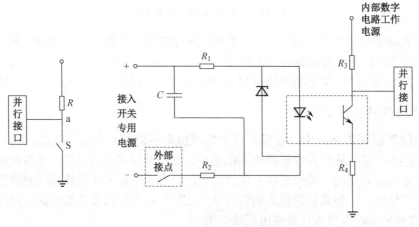

图 9-6　开关量输入回路接线图

开关量输出主要包括保护的跳闸出口以及本地和中央信号输出等。接线图如图 9-7 所示。

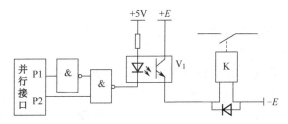

图 9-7 开关量输出回路接线图

四、VFC 型数据采集系统

1. 电压频率转换器（VFC，Voltage Frequency Converter）

电压、电流信号经电压形成回路后，均变换成与输入信号成比例的电压量，经过 VFC，将模拟电压量变换为脉冲信号，该脉冲信号的频率与输入电压成正比，经快速光电耦合器隔离后，由计数器对脉冲进行计数，随后，微型机在采样间隔 T_S 内读取的计数值就与输入模拟量在 T_S 内的积分成正比，达到了将模拟量转换为数字量的目的，实现了数据采集系统的功能。

2. VFC 工作原理

典型的电荷平衡式 V/F 转换器的电路结构如图 9-8 所示。

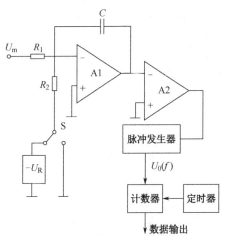

图 9-8 VFC 原理图

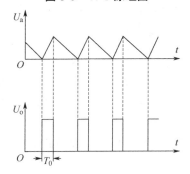

图 9-9 VFC 波形图

3．VFC 型数据采集系统优点

（1）普通 A/D 转换器是对瞬时值进行转换，而 VFC 型数据采集系统是对输入信号的连续积分，具有低通滤波的效果，降低噪声。

（2）VFC 型数据采集系统的工作根本不需要微型机控制，微型机只要定时去读取计数器的计数值即可，因此与微型机的接口简单。

（3）VFC 型数据采集系统目前广泛应用于微机保护装置。

五、WXB-11 型线路保护装置

WXB-11 型微机保护装置是用于 110kV～500kV 各级电压的输电线路成套保护，能正确反映输电线路的各种相间故障和接地故障，并进行一次重合闸。四个用于保护和重合闸功能的 CPU1～CPU4 分别用来实现高频、距离、零序和重合闸，它们被设计成四个独立的插件，硬件电路完全相同，只是用不同软件实现不同的功能。如图 9-10 所示为硬件框图，如图 9-11 所示为面板图。

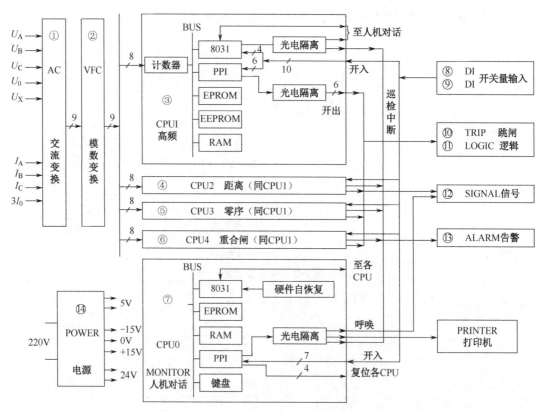

图 9-10　WXB-11 型微机保护装置硬件框图

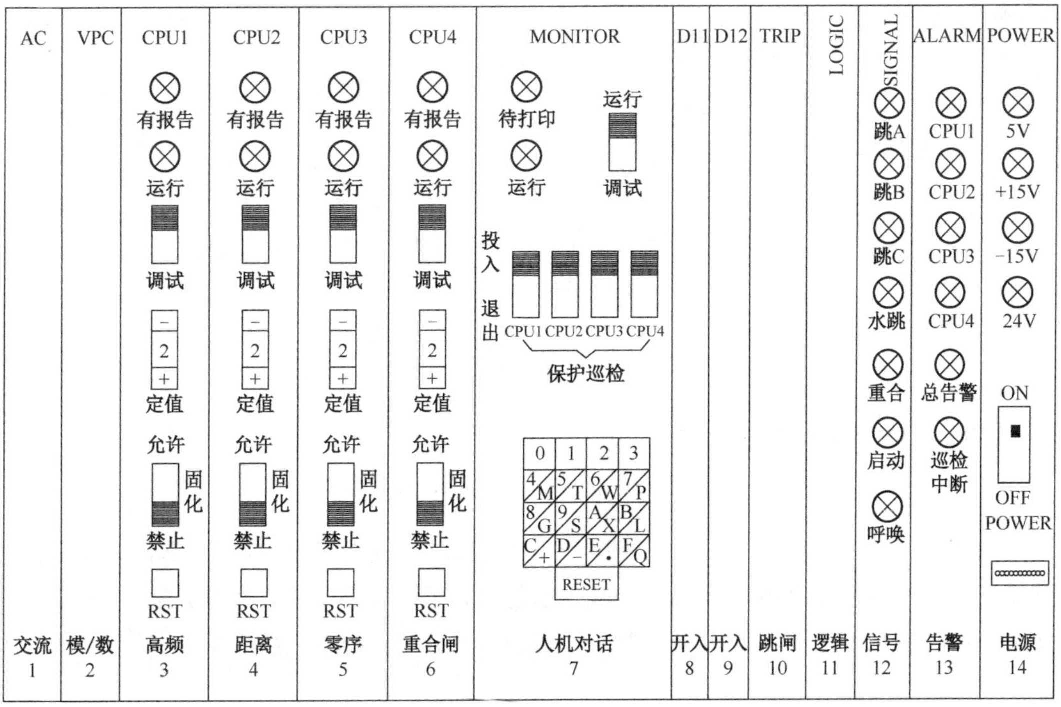

图 9-11　WXB-11 型微机保护装置面板图

第三节　微机保护的算法

一、数字滤波

数字滤波器由软件编程实现，改变算法或某些系数即可改变滤波性能，即滤波器的幅频特性和相频特性。基本形式有差分滤波（减法滤波）、加法滤波、积分滤波等。

1. 差分滤波原理

差分滤波器输出信号的差分方程形式为：

$$y(n) = x(n) - x(n - k) \qquad (9-1)$$

那么上式所示的滤波器是如何起到滤波作用的呢？我们以图 9-12 来说明滤波的原理。设输入信号中含有基波，其频率为 f_1，也含有 m 次谐波，其频率为 $f_m = mf_1$，如图 9-12 波形所示（图中 $m = 3$ 为三次谐波）。输入信号 $x(t)$ 为 $x(t) = A_1 \sin 2\pi f_1 t + A_3 \sin 2\pi m f_1 t$。

当 kT_s 刚好等于谐波的周期 $T_m = \dfrac{1}{mf_1}$，或者是 $\dfrac{1}{mf_1}$ 的整数倍（如 P 倍，$P = 1, 2, \cdots$）时，则在 $t = nT_s$ 及 $t = nT_s - kT_s$ 两点的采样值中所含该次谐波成分相等，故两点采样值相减后，恰好将该次谐波滤去，剩下基波分量。此时有：

$$kT_{S} = \frac{P}{mf_1} \tag{9-2}$$

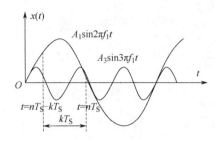

图 9-12 差分滤波器滤波原理说明

故滤去的谐波次数为：

$$m = \frac{P}{kT_S f_1} \quad (P = 1, 2, \cdots)$$

由此可见，当 f_1 和 T_S 已确定时，能滤掉的谐波最低次数是在 $P=1$ 时计算的 m 值，除此之外，还能滤掉 m 的整数倍的谐波。因数据窗越长其延时越长，通常 P 为 1 即可。例如，当采样频率为 600Hz，且 $P=1$ 时，若滤掉三次谐波，差分滤波器的 k 值应为 $k = \frac{P}{mT_S f_1} = \frac{f_S}{3f_1} = 4$。

2. 差分滤波器的频率特性

从频域的角度讨论差分滤波器的滤波特性，可将式（9-1）进行 Z 变换，得：

$$Y(z) = X(z)(1 - z^{-k})$$

从而得出差分滤波器的传递函数：

$$H(z) = \frac{Y(z)}{X(z)} = 1 - z^{-k} \tag{9-3}$$

为求其频率特性，以 $z = e^{j\omega T_S}$ 代入式（9-3）中，得 $H(e^{j\omega T_S}) = 1 - e^{-jk\omega T_S}$

将 $e^{j\omega T_S} = \cos k\omega T_S - j\sin k\omega T_S$ 代入上式，有：

$$H(e^{j\omega T_S}) = 1 - \cos k\omega T_S + j\sin k\omega T_S$$

其幅频特性为：

$$H(e^{j\omega T_S}) = 1 - \cos k\omega T_S + j\sin k\omega T_S \tag{9-4}$$

欲求差分滤波器能完全消除的谐波次数，可令 $A(\omega) = 0$，则 $\frac{k\omega T_S}{2} = P\pi \ (P = 1, 2, \cdots)$

即 $kT_S = P/f$，此式与式（9-2）相同，其中 f 为谐波频率。

其相频特性为：

$$\beta(\omega) = \mathrm{Arg} H(e^{j\omega T_S}) = \mathrm{arctg} \frac{\sin k\omega T_S}{1 - \cos k\omega T_S} = \mathrm{arctg}(\mathrm{ctg} \frac{k\omega T_S}{2}) = \frac{\pi}{2}(1 - 2fkT_S) \tag{9-5}$$

若对于基波每周采样 12 点，则 $T_S = \frac{1}{12f_1}$ 时，取 $k=1$，作出幅频及相频特性如图 9-13 所示。从特性曲线可以看出，取 $T_S = \frac{1}{12f_1}$ 时，差分滤波器可以滤去直流分量、12 次谐波以及 12 的整倍数次谐波，对于基波经滤波器后移相 75°。

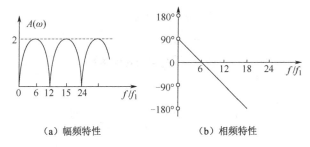

（a）幅频特性　　　　　　（b）相频特性

图 9-13　差分滤波器的频率特性

二、正弦函数模型算法

下面几种算法都是假定被采样的电压、电流信号都是纯正弦函数，既不含非周期分量，又不含谐波分量。因而，可利用正弦函数的种种特性，从若干个离散化采样值中计算出电流、电压的幅值、相位角和测量阻抗等量值。

1. 半周积分算法

半周积分算法的依据是：

$$S = \int_0^{\frac{T}{2}} U_{\mathrm{m}} \sin \omega t \mathrm{d}t = -\frac{U_{\mathrm{m}}}{\omega} \cos \omega t \Big|_0^{\frac{T}{2}} = \frac{2}{\omega} U_{\mathrm{m}} = \frac{T}{\pi} U_{\mathrm{m}} \tag{9-6}$$

即正弦函数半周积分与其幅值成正比。

式（9-6）的积分可以用梯形法则近似求出：

$$S \approx [\frac{1}{2}(|u_0| + |u_1|) + \frac{1}{2}(|u_1| + |u_2|) + \cdots + \frac{1}{2}(|u_{\frac{N}{2}-1}| + |u_{\frac{N}{2}}|)]T_{\mathrm{S}}$$

$$= [\frac{1}{2}|u_0| + \sum_{k=1}^{N/2-1}|u_k| + \frac{1}{2}|u_{N/2}|]T_{\mathrm{S}} \tag{9-7}$$

式中　u_k——第 k 次采样值；

　　　N——一周期 T 内的采样点数；

　　　u_0——$k=0$ 时的采样值；

　　　$u_{N/2}$——$k=N/2$ 时的采样值。

求出积分值 S 后，应用式（9-6）可求得幅值 $U_{\mathrm{m}} = S \cdot \pi / T$。

因为在半波积分过程中，叠加在基频成分上的幅值不大的高频分量，其对称的正负半周相互抵消，剩余未被抵消的部分占的比重就减少了，所以，这种算法有一定的滤波作用。另外，这一算法所需数据窗仅为半个周期，即数据长度为 10ms。

2. 导数算法

导数算法是利用正弦函数的导数为余弦函数这一特点求出采样值的幅值和相位的一种算法。

设 $u = U_{\mathrm{m}} \sin \omega t$，则

$$i = I_{\mathrm{m}} \sin(\omega t - \theta)$$

$$u' = \omega U_{\mathrm{m}} \cos \omega t$$

$$i' = \omega I_{\mathrm{m}} \cos(\omega t - \theta) \tag{9-8}$$

$$u'' = -\omega^2 U_{\mathrm{m}} \sin \omega t$$

$$i'' = -\omega^2 I_{\mathrm{m}} \sin(\omega t - \theta)$$

很容易得出：

$$u^2 + \left(\frac{u'}{\omega}\right)^2 = U_{\mathrm{m}} \text{ 或 } \left(\frac{u'}{\omega}\right)^2 + \left(\frac{u''}{\omega^2}\right)^2 = U_{\mathrm{m}}^{\ 2} \tag{9-9}$$

$$i^2 + \left(\frac{i'}{\omega}\right)^2 = I_{\mathrm{m}}^{\ 2} \text{ 或 } \left(\frac{i'}{\omega}\right)^2 + \left(\frac{i''}{\omega^2}\right)^2 = I_{\mathrm{m}}^{\ 2} \tag{9-10}$$

$$z^2 = \frac{U_{\mathrm{m}}^2}{I_{\mathrm{m}}^2} = \frac{\omega^2 u^2 + u'^2}{\omega^2 i^2 + i'^2} \tag{9-11}$$

根据式（9-8），也可推导出

$$\frac{ui'' - u'i'}{ii'' - i'^2} = \frac{U_{\mathrm{m}}}{I_{\mathrm{m}}} \cos \theta = R \tag{9-12}$$

$$\frac{u'i - ui'}{ii'' - i'^2} = \frac{U_{\mathrm{m}}}{\omega I_{\mathrm{m}}} \sin \theta = \frac{X}{\omega} = L \tag{9-13}$$

式（9-9）～式（9-13）中，u、i 对应 t_k 时为 u_k、i_k，均为已知数，而对应 t_{k-1} 和 t_{k+1} 的 u、i 为 u_{k-1}、u_{k+1}、i_{k-1}、i_{k+1}，也为已知数，此时

$$u_k' = \frac{u_{k+1} - u_{k-1}}{2T_{\mathrm{S}}} \tag{9-14}$$

$$i_k' = \frac{i_{k+1} - i_{k-1}}{2T_{\mathrm{S}}} \tag{9-15}$$

$$u_k'' = \frac{1}{T_{\mathrm{S}}}\left(\frac{u_{k+1} - u_k}{T_{\mathrm{S}}} - \frac{u_k - u_{k-1}}{T_{\mathrm{S}}}\right) = \frac{1}{(T_{\mathrm{S}})^2}(u_{k+1} - 2u_k + u_{k-1}) \tag{9-16}$$

$$i_k'' = \frac{1}{T_{\mathrm{S}}}\left(\frac{i_{k+1} - i_k}{T_{\mathrm{S}}} - \frac{i_k - i_{k-1}}{T_{\mathrm{S}}}\right) = \frac{1}{(T_{\mathrm{S}})^2}(i_{k+1} - 2i_k + i_{k-1}) \tag{9-17}$$

导数算法最大的优点是它的"数据窗"即算法所需要的相邻采样数据是三个，即计算速度快。导数算法的缺点是当采样频率较低时，计算误差较大。

3．两采样值积算法

两采样值积算法是利用两个采样值以推算出正弦曲线波形，即用采样值的乘积来计算电流、电压、阻抗的幅值和相角等电气参数的方法，属于正弦曲线拟合法。这种算法的特点是计算的判定时间较短。

设有正弦电压、电流波形在任意两个连续采样时刻 t_k、$t_{k+1}(=t_k+T_{\mathrm{S}})$ 进行采样，并没被采样电流滞后电压的相位角为 θ，则 t_k 和 t_{k+1} 时刻的采样值分别表示为式（9-18）和式（9-19）。

$$u_1 = U_{\mathrm{m}} \sin \omega t_k \tag{9-18}$$

$$i_1 = I_{\mathrm{m}} \sin(\omega t_k - \theta)$$

$$u_2 = U_{\mathrm{m}} \sin \omega t_{k+1} = U_{\mathrm{m}} \sin \omega(t_k + T_{\mathrm{S}}) \tag{9-19}$$

$$i_2 = I_{\mathrm{m}} \sin(\omega t_{k+1} - \theta) = I_{\mathrm{m}} \sin[\omega(t_k + T_{\mathrm{S}}) - \theta]$$

式中，T_{S} 为两采样值的时间间隔，即 $T_{\mathrm{S}} = t_{k+1} - t_k$。

由式（9-18）和式（9-19），取两采样值乘积，则有

$$u_1 i_1 = \frac{1}{2} U_m I_m [\cos\theta - \cos(2\omega t_k - \theta)] \tag{9-20}$$

$$u_2 i_2 = \frac{1}{2} U_m I_m [\cos\theta - \cos(2\omega t_k + 2\omega T_S - \theta)] \tag{9-21}$$

$$u_1 i_2 = \frac{1}{2} U_m I_m [\cos(\theta - \omega T_S) - \cos(2\omega t_k + \omega T_S - \theta)] \tag{9-22}$$

$$u_2 i_1 = \frac{1}{2} U_m I_m [\cos(\theta + \omega T_S) - \cos(2\omega t_k + \omega T_S - \theta)] \tag{9-23}$$

式（9-20）和式（9-21）相加，得

$$u_1 i_1 + u_2 i_2 = \frac{1}{2} U_m I_m [2\cos\theta - 2\cos\omega T_S \cos(2\omega t_k + \omega T_S - \theta)] \tag{9-24}$$

式（9-22）和（9-23）相加，得

$$u_1 i_2 + u_2 i_1 = \frac{1}{2} U_m I_m [2\cos\omega T_S \cos\theta - 2\cos(2\omega t_k + \omega T_S - \theta)] \tag{9-25}$$

从式（9-24）和式（9-25）可以看到，只要能消去含 ωt_k 的项，便可由采样值计算出其幅值 U_m、I_m。为此，将式（9-25）乘以 $\cos\omega T_S$ 再与式（9-24）相减，可消去 ωt_k 项，得

$$U_m I_m \cos\theta = \frac{u_1 i_1 + u_2 i_2 - (u_1 i_2 + u_2 i_1)\cos\omega T_S}{\sin^2 \omega T_S} \tag{9-26}$$

同理，由式（9-22）与式（9-23）相减消去 ωt_k 项，得

$$U_m I_m \sin\theta = \frac{u_1 i_2 - u_2 i_1}{\sin T_S} \tag{9-27}$$

在式（9-26）中，如用同一电压的采样值相乘，或用同一电流的采样值相乘，则 $\theta = 0°$，此时可得

$$U_m{}^2 = \frac{u_1^2 + u_2^2 - 2u_1 u_2 \cos\omega T_S}{\sin^2 T_S} \tag{9-28}$$

$$I_m^2 = \frac{i_1^2 + i_2^2 - 2i_1 i_2 \cos\omega T_S}{\sin^2 \omega T_S} \tag{9-29}$$

由于 T_S、$\sin\omega T_S$、$\cos\omega T_S$ 均为常数，只要知道送入时间间隔 T_S 的两次采样值，便可按式（9-28）和式（9-29）计算出 U_m、I_m。

以式（9-29）去除式（9-26）和式（9-27）还可得测量阻抗中的电阻和电抗分量，即

$$R = \frac{U_m}{I_m}\cos\theta = \frac{u_1 i_1 + u_2 i_2 - (u_1 i_2 + u_2 i_1)\cos\omega T_S}{i_1^2 + i_2^2 - 2i_1 i_2 \cos\omega T_S} \tag{9-30}$$

$$X = \frac{U_m}{I_m}\sin\theta = \frac{(u_1 i_2 - u_2 i_1)\sin\omega T_S}{i_1^2 + i_2^2 - 2i_1 i_2 \cos\omega T_S} \tag{9-31}$$

由式（9-28）和式（9-29）也可求出阻抗的模值

$$z = \frac{U_m}{I_m} = \sqrt{\frac{u_1^2 + u_2^2 - 2u_1 u_2 \cos\omega T_S}{i_1^2 + i_2^2 - 2i_2 i_1 \cos\omega T_S}} \tag{9-32}$$

由式（9-30）和式（9-31）还可求出 U、I 之间的相角差 θ，

$$\theta = \text{arctg}\frac{(u_1 i_2 - u_2 i_1)\sin\omega T_S}{u_1 i_1 + u_2 i_2 - (u_1 i_2 + u_2 i_1)\cos\omega T_S} \tag{9-33}$$

若取 $\omega T_S = 900$，则式（9-28）～式（9-33）可进一步化简，进而大大减少了计算机的运算时间。

4. 三采样值积算法

三采样值积算法是利用三个连续的等时间间隔 T_S 的采样值中两两相乘，通过适当的组合消去 ωt 项以求出 u、i 的幅值和其他电气参数。

设在 t_{k+1} 后再隔一个 T_S 为时刻 t_{k+2}，此时的 u、i 采样值为

$$u_3 = U_m \sin \omega(t_k + 2T_S) \tag{9-34}$$

$$i_3 = I_m \sin(\omega t_k + 2\omega T - \theta) \tag{9-35}$$

上式两采样值相乘，得

$$u_3 i_3 = \frac{1}{2} U_m I_m [\cos\theta - \cos(2\omega t_k + 4\omega T_S - \theta)] \tag{9-36}$$

上式与式（9-20）相加，得

$$u_1 i_1 + u_3 i_3 = \frac{1}{2} U_m I_m [2\cos\theta - 2\cos 2\omega T_S \cos(2\omega t_k + 2\omega T_S - \theta)] \tag{9-37}$$

显然，将式（9-37）和式（9-21）经适当组合以消去 ωt_k 项，得

$$U_m I_m \cos\theta = \frac{u_1 i_1 + u_3 i_3 - 2u_2 i_2 \cos 2\omega T_S}{2\sin^2 \omega T_S} \tag{9-38}$$

若要 $\omega T_S = 30°$，上式简化为

$$U_m I_m \cos\theta = 2(u_1 i_1 + u_3 i_3 - u_2 i_2) \tag{9-39}$$

用 I_m 代替 U_m（或 U_m 代替 I_m），并取 $\omega T_S = 0°$，则有

$$U_m = 2(u_1^2 + u_3^2 - u_2^2) \tag{9-40}$$

$$I_m = 2(i_1^2 + i_3^2 - i_2^2) \tag{9-41}$$

由式（9-39）和式（9-41）可得

$$R = \frac{U_m}{I_m} \cos\theta = \frac{u_1 i_1 + u_3 i_3 - u_2 i_2}{i_1^2 + i_3^2 - i_2^2} \tag{9-42}$$

由式（9-27）和式（9-41），并考虑到 $\omega T_S = 30°$，得

$$X = \frac{U_m}{I_m} \sin\theta = \frac{u_1 i_2 - u_2 i_1}{i_1^2 + i_3^2 - i_2^2} \tag{9-43}$$

由式（9-40）和式（9-41）得

$$z = \frac{U_m}{I_m} = \sqrt{\frac{u_1^2 + u_3^2 - u_2^2}{i_1^2 + i_3^2 - i_2^2}} \tag{9-44}$$

由式（9-42）和式（9-43）得

$$\theta = \text{arctg}\ \frac{u_1 i_2 - u_2 i_1}{u_1 i_1 + u_3 i_3 - u_2 i_2} \tag{9-45}$$

三采样值积算法的数据窗是 $2T_S$。从精确角度看，如果输入信号波形是纯正弦的，这种算法没有误差，因为算法的基础是考虑了采样值在正弦信号中的实际值。

三、傅里叶算法（傅氏算法）

前面所讲正弦函数模型算法只是对理想情况的电流、电压波形进行了粗略的计算。由于故障时的电流、电压波形畸变很大，此时不能再把它们假设为单一频率的正弦函数，而是假设它们是包含各种分量的周期函数。针对这种模型，最常用的是傅氏算法。傅氏算法本身具有滤波作用。

1. 全周波傅里叶算法

全周波傅里叶算法是采用正弦函数组作为样品函数，将这一正弦样品函数与待分析的时变函数进行相应的积分变换，以求出与样品函数频率相同的分量的实部和虚部的系数。进而可以求出待分析的时变函数中该频率的谐波分量的模值和相位。

根据傅里叶级数，将待分析的周期函数电流信号 $i(t)$ 表示为

$$i(t) = I_0 + \sum_{n=1}^{\infty} I_{nc} \cos n\omega_1 t + \sum_{n=1}^{\infty} I_{ns} \sin n\omega t \qquad (9\text{-}46)$$

式中　n——n 次谐波（$n=1,2,\cdots$）；

　　　I_0——恒定电流分量；

　　　I_{nc}、I_{ns}——分别表示 n 次谐波的余弦分量电流和正弦电流的幅值。

当我们希望得到 n 次谐波分量时，可用和分别乘式（9-46）两边，然后在 t_0 到 t_0+T 积分，得到

$$I_{nc} = \frac{2}{N} \sum_{k=1}^{N} i_k \cos k \frac{2\pi n}{N} \qquad (9\text{-}47)$$

$$I_{ns} = \frac{2}{N} \sum_{k=1}^{N} i_k \sin k \frac{2\pi n}{N} \qquad (9\text{-}48)$$

电流 n 次谐波幅值（最大值）和相位（余弦函数的初相）分别为

$$I_{nm} = \sqrt{I_{ns}^2 + I_{nc}^2} \qquad (9\text{-}49)$$

$$\theta_n = \operatorname{arctg} \frac{I_{ns}}{I_{nc}} \qquad (9\text{-}50)$$

写成复数形式有

$$\dot{I}_n = I_{nc} + \mathrm{j}I_{ns} \qquad (9\text{-}51)$$

对于基波分量，若每周采样 12 点（$N=12$），则有

$$6I_{1c} = \frac{\sqrt{3}}{2}(i_1 - i_5 - i_7 + i_{11}) + \frac{1}{2}(i_2 - i_4 - i_8 + i_{10}) - i_6 + i_{12} \qquad (9\text{-}52)$$

$$6I_{1s} = (i_3 - i_9) + \frac{1}{2}(i_1 + i_5 - i_7 - i_{11}) + \frac{\sqrt{3}}{2}(i_2 + i_4 - i_8 - i_{10}) \qquad (9\text{-}53)$$

2. 半周波傅里叶算法

为了缩短全周波傅里叶算法的计算时间，提高响应速度，可只取半个工频周期的采样值，采用半周波傅里叶算法，其原理和全周波傅里叶算法相同，其计算公式为

$$I_{ns} = \frac{4}{N} \sum_{k=1}^{N/2} i_k \sin k \frac{2\pi n}{N} \tag{9-54}$$

$$I_{nc} = \frac{4}{N} \sum_{k=1}^{N/2} i_k \cos k \frac{2\pi n}{N} \tag{9-55}$$

半周波傅里叶算法的数据窗为半个工频周期，响应时间较短，但该算法基频分量计算结果受衰减的直流分量和偶次谐波的影响较大，奇次谐波的滤波效果较好。为消除衰减的直流分量的影响，可采用各种补偿算法，如采用一阶差分法（即减法滤波器），将滤波后的采样值再代入半周波傅里叶算法的计算公式，将取得一定的补偿效果。

3．基于傅里叶算法的滤序算法

有些微机保护中，需要计算出负序或零序公量，比如负序电流和零序电流。我们可利用上面傅氏算法中计算出的三相电流基波分量的实、虚部来计算三相电流的负序和零序分量。

（1）A 相负序电流与三相电流的关系为

$$3\dot{I}_{A2} = \dot{I}_A + \alpha^2 \dot{I}_B + \alpha \dot{I}_C \tag{9-56}$$

其中 $\alpha = e^{j\frac{2\pi}{3}} = -\frac{1}{2} + j\frac{\sqrt{3}}{2}$，将其实部与虚部分开得

$$3I_{CA2} = I_{1CA} - \frac{1}{2}(I_{1CB} + I_{1CC}) + \frac{\sqrt{3}}{2}(I_{1CB} - I_{1CC}) \tag{9-57}$$

$$3I_{SA2} = I_{1SA} - \frac{1}{2}(I_{1SB} + I_{1SC}) - \frac{\sqrt{3}}{2}(I_{1SB} - I_{1SC}) \tag{9-58}$$

于是便得到负序电流的幅值为

$$I_{2m} = \frac{1}{3} \sqrt{I_{CA2}^2 + I_{SA2}^2} \tag{9-59}$$

（2）A 相零序电流与三相电流的关系为

$$3\dot{I}_{A0} = \dot{I}_A + \dot{I}_B + \dot{I}_C \tag{9-60}$$

将其实部和虚部分开，得到

$$3I_{CA0} = I_{1CA} + I_{1CB} + I_{1CC} \tag{9-61}$$

$$3I_{SA0} = I_{1SA} + I_{1SB} + I_{1SC} \tag{9-62}$$

于是便得到零序电流的幅值为

$$I_{0m} = \frac{1}{3} \sqrt{I_{CA0}^2 + I_{SA0}^2} \tag{9-63}$$

四、解微分方程算法

解微分方程算法仅能计算线路阻抗，用于距离保护。对于一般的输电线路，在短路情况下，线路分布电容产生的影响主要表现为高频分量，于是，如果采用低通滤波器将高频分量滤掉，就相当于可以忽略被保护输电线分布电容的影响，因而从故障点到保护安装处的线路段可用一电阻和电感串联电路来表示，即将输电线路等效为 RL 串联模型来表示，如图 9-14 所示。在短路时，母线电压 u 和流过保护的电流 i 与线路的电阻 R_1 和电感 L_1 之间可以用下述微分方程表示：

$$u = R_1 i + L_1 \frac{\mathrm{d}i}{\mathrm{d}t} \tag{9-64}$$

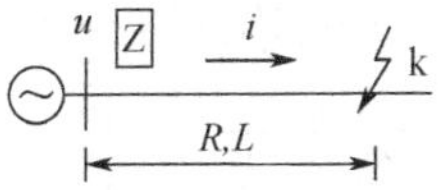

图 9-14　故障线路模型

式中，R_1、L_1 分别为故障点至保护安装处线段的正序电阻和电感，u、i 分别为保护安装处的电压和电流。对于相间短路，u 和 i 应取 $u_\triangle$ 和 $i_\triangle$，例如，AB 相间短路时，取 u_{ab}、i_a-i_b。对于单相接地取相电压及相电流加零序补偿电流。以 A 相接地为例，上式（9-64）将改写为

$$u_a = R_1(i_a + 3K_r i_0) + L_1 \frac{\mathrm{d}(i_a + 3K_l i_0)}{\mathrm{d}t} \tag{9-65}$$

式中，K_r、K_l 分别为电阻和电感的零序补偿系数，$K_r = \dfrac{r_0 - r_1}{3r_1}$，$K_l = \dfrac{l_0 - l_1}{3l_1}$，$r_0$、$r_1$、$l_0$ 分别为输电线每公里的零序和正序电阻和电感。

式（9-64）中，u、i 和 $\mathrm{d}i/\mathrm{d}t$ 都是可以测量、计算的，R_1 和 L_1 是待求解的未知数，其求解方法有差分法和积分法两类。

1. 差分法

为解得 R_1 和 L_1 必须有两个方程式。一种方法是取采样时刻 t_{k-1} 和 t_k 的两个采样值，则有

$$R_1 i_{k-1} + L_1 i'_{k-1} = u_{k-1} \tag{9-66}$$

$$R_1 i_k + L_1 i'_k = u_k \tag{9-67}$$

将 $i'_{k-1} = \dfrac{i_k - i_{k-2}}{2T_S}$，$i'_k = \dfrac{i_{k+1} - i_{k-1}}{2T_S}$ 代入上两式并联立求解，将得到

$$L_1 = \frac{2T_S(i_k u_{k-1} - i_{k-1} u_k)}{i_k(i_k - i_{k-2}) - i_{k-1}(i_{k+1} - i_{k-1})} \tag{9-68}$$

$$R_1 = \frac{u_k(i_k - i_{k-2}) - u_{k-1}(i_{k+1} - i_{k-1})}{i_k(i_k - i_{k-2}) - i_{k-1}(i_{k+1} - i_{k-1})} \tag{9-69}$$

其中，T_S 为采样间隔。

2. 积分法

用分段积分法对式（9-65）在两段采样时刻 $t_{k-2} \sim t_{k-1}$ 和 $t_{k-1} \sim t_k$ 分别进行积分，得到

$$\int_{t_{k-2}}^{t_{k-1}} u\mathrm{d}t = R_1 \int_{t_{k-2}}^{t_{k-1}} i\mathrm{d}t + L_1 \int_{i_{k-2}}^{i_{k-1}} \mathrm{d}i \tag{9-70}$$

$$\int_{t_{k-1}}^{t_k} u\mathrm{d}t = R_1 \int_{t_{k-1}}^{t_k} i\mathrm{d}t + L \int_{i_{k-1}}^{i_k} \mathrm{d}i \tag{9-71}$$

式中，i_k、i_{k-1}、i_{k-2} 分别表示 t_k、t_{k-1}、t_{k-2} 时刻的电流采样瞬时值，将上两式中的分段积分用梯形法求解，则有

$$\frac{T_S}{2}(u_{k-1} + u_{k-2}) = R_1 \frac{T_S}{2}(i_{k-1} + i_{k-2}) + L_1(i_{k-1} - i_{k-2}) \tag{9-72}$$

$$\frac{T_S}{2}(u_k + u_{k-1}) = R_1 \frac{T_S}{2}(i_k + i_{k-1}) + L_1(i_k - i_{k-1}) \tag{9-73}$$

联立求解上两式，可求得 R_1 和 L_1 分别为

$$L_1 = \frac{T_S}{2} \frac{(u_{k-1}+u_{k-2})(i_{k-1}+i_k)-(u_{k-1}+u_k)(i_{k-1}+i_{k-2})}{(i_{k-1}+i_k)(i_{k-1}-i_{k-2})-(i_{k-1}+i_{k-2})(i_k-i_{k+1})} \tag{9-74}$$

$$R_1 = \frac{T_S}{2} \frac{(u_{k-1}+u_k)(i_{k-1}-i_{k-2})-(u_{k-1}+u_{k-2})(i_k-i_{k-1})}{(i_{k-1}+i_k)(i_{k-1}-i_{k-2})-(i_{k-1}+i_{k-2})(i_k-i_{k-1})} \tag{9-75}$$

解微分方程算法所依据的微分方程式（9-64）忽略了输电线分布电容，由此带来的误差只要用一个低通滤波器预先滤除电流和电压中的高频分量就可以基本消除。因为分布电容的容抗只有对高频分量才是不可忽略的。另外，电流中非周期分量是符合算法所依据的微分方程的，它不需要用滤波器滤除非周期分量。用微分方程算法不受电网频率的影响，前面介绍过的几种其他算法都要受电网频率变化的影响，需使采样频率自动跟踪电网频率的变化。解微分方程算法要求采样频率应远大于工频，否则将导致较大误差，这是因为积分和求导是用采样值来近似计算的。

第四节　微机变压器差动保护举例

一、概述

通过介绍一个利用二次谐波电流鉴别励磁涌流，采用比率制动特性的微机变压器差动保护典型方案，使读者对如何使用软件实现继电保护的功能有一个较具体和完整的概念。选择变压差动保护为例，一方面是因为国内外以微机差动保护应用与研究较多，另一方面它比较复杂，是比较好的典型。

对 Yd11 变压器，为补偿变压器两侧电流的相位差，在微机保护的软件中采用的方法是，对变压器绕组为星形连接的一侧按下式处理：

$$i'_B = i_B - i_C \qquad i'_A = i_A - i_B \qquad i'_C = i_C - i_A$$

式中　i'_A、i'_B、i'_C——补偿后的 A、B、C 三相电流的采样值；

$\quad\quad i_A$、i_B、i_C——A、B、C 三相电流的采样值。

二、微机差动保护的动作判据和算法

1. 比率制动特性元件

变压器三折线比率制动特性曲线，如图 9-15 所示。

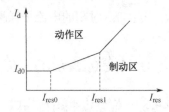

图 9-15　变压器差动保护比率制动特性曲线示意图

2．二次谐波制动元件

变压器空载合闸或外部短路被切除变压器端电压突然恢复时，励磁涌流的大小可与短路电流相比拟，且含较大的二次谐波成分，采用二次谐波制动判据能可靠避免此时差动保护误动。二次谐波制动判据为：

$$I_{d \cdot 2} > K_{2 \cdot res} \cdot I_{d \cdot 1} \tag{9-76}$$

3．差动速断元件

变压器内部严重故障时，差动保护动作电流 $I_d = |\dot{I}_H + \dot{I}_L|$ 大于最大可能的励磁涌流，差动保护无须进行二次谐波闭锁判别，故设有差动速断保护，以提高变压器内部严重故障时保护动作速度。动作判据为：

$$I_d > I_{d \cdot set} \tag{9-77}$$

4．算法

对于变压器差动保护，各侧电流的正方向均以指向变压器为正。在这一规定下，对于双绕组变压器，差动电流和制动电流分别为：

$$\begin{cases} I_d = \left| \dot{I}_H + \dot{I}_L \right| \\ I_{res} = \left| \dot{I}_H - \dot{I}_L \right| \end{cases} \tag{9-78}$$

对于三绕组变压器

$$\begin{cases} I_d = \left| \dot{I}_H + \dot{I}_L + \dot{I}_M \right| \\ I_{res} = \max \left\{ \left| \dot{I}_H \right|, \left| \dot{I}_L \right|, \left| \dot{I}_M \right| \right\} \end{cases} \tag{9-79}$$

5．启动元件及其算法

微机保护为了加强对软、硬件的自检工作，提高保护动作可靠性及快速性，往往采用检测扰动的方式决定程序进行故障判别计算，还是进行自检。在本差动保护方案中，采用差动电流的突变量，且分相检测的方式构成启动元件，其公式为：

$$\Delta i_d(k) = \left| \left| i_d(k) - i_d(k-N) \right| - \left| i_d(k-N) - i_d(k-2N) \right| \right| > \Delta I_{d \cdot set} \tag{9-80}$$

6．电流互感器 TA 的断线判别

对于中低压变电所变压器保护中 TA 断线判别采用以下两个判据：

（1）电流互感器 TA 断线时产生的负序电流仅在断线侧出现，而在故障时至少有两侧会出现负序电流。

（2）以上判据在变压器空载时发生故障的情况下，因仅电源侧出现负序电流，将误判 TA 断线。因此要求另外附加条件：降压变压器低压侧三相都有一定的负荷电流。

三、微机变压器差动保护的软件流程

微机变压器差动保护方案的全部软件可分为主程序、故障处理程序和中断服务程序。

1. 主程序（图 9-16）

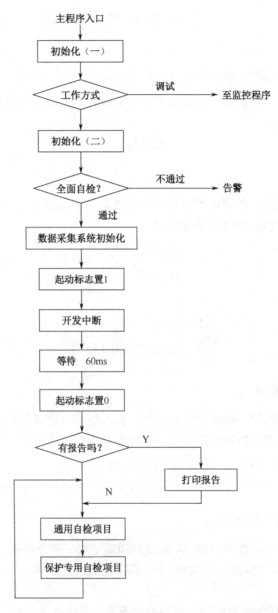

图 9-16　变压器差动保护主程序流程图

2．定时器中断服务程序（图 9-17）

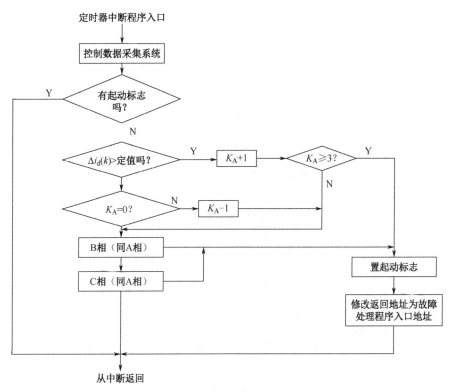

图 9-17　定时器中断服务程序流程图

3．故障处理程序（图 9-18）

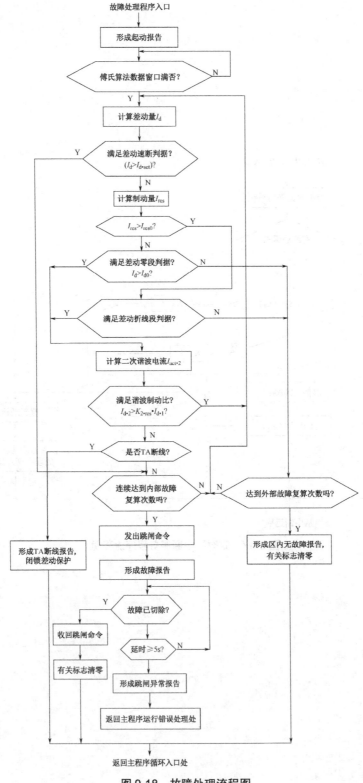

图 9-18　故障处理流程图

第五节 提高微机保护可靠性的措施

一、抗电磁干扰的措施

1. 接地的处理
2. 屏蔽与隔离

二、模拟量的自纠错

1. 利用采样数据的相关性互相校核
2. 运算过程的校核纠错

三、故障自诊断

1. RAM 的自检
2. EPROM 的自检
3. 模拟量输入通道的自检
4. 开关量输出通道的自检

第六节 变电站微机综合自动化系统简介

一、变电站微机综合自动化的基本概念

常规变电站的二次部分主要由四大部分组成：继电保护、故障录波、就地监控和远动。
变电站综合自动化系统的基本功能体现在六个子系统：
（1）监控子系统。
（2）微机保护子系统。
（3）电压、无功综合控制子系统。
（4）电力系统的低频减负荷控制。
（5）备用电源自投控制。
（6）变电站综合自动化系统的通信。
微机保护是综合自动化系统的关键环节，附加功能有：
（1）满足保护装置速动性、选择性、灵敏性和可靠性的要求，要求保护子系统的软硬件
结构要相对独立，各保护单元由各自独立的 CPU 组成模块化结构；主保护和后备保护由不同

CPU 实现。

（2）具有故障记录功能。

（3）具有与统一时钟对时功能，以便准确记录发生故障和保护动作的时间。

（4）存储多种保护整定值。

（5）对保护整定值的检查和修改要直观、方便、可靠。

（6）设置保护管理机或通信控制机，负责对各保护单元的管理。

（7）通信功能。

（8）故障自诊断、自闭锁和自恢复功能。

二、变电站综合自动化系统的结构形式

1. 变电站设备的分层结构（图 9-19）

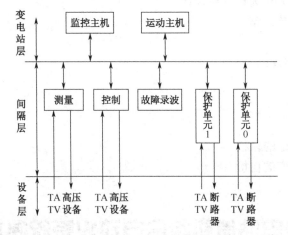

图 9-19　变电站的一、二次设备分层结构示意图

2. 分层分布式变电站综合自动化系统的结构形式（图 9-20）

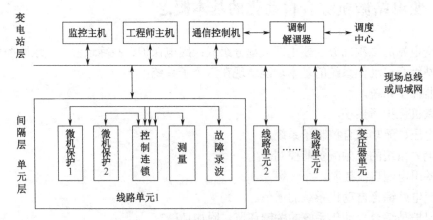

图 9-20　变电站综合自动化系统结构框图

三、保护和控制集成系统

将保护和控制功能集成到同一装置中，实现数据的完全共享是一个发展趋势。与传统的独立部件的结构相比，这种保护和控制集成的结构，可提供大量的保护功能和更多的监控及数据采集（Scada）功能，而使性价比更优。Scada 所需要的许多初始数据与继电保护所处理的数据是相同的。将分布式的变电站 Scada 功能集成到微机保护继电器中，使保护和 Scada 公用一个硬件平台，可以明显提高经济性。这种保护和 Scada 的集成，称为 PRO Scada 策略。

为了寻求更理想的对电压和电流的测量方法，已开始研究采用光电传感器。

光电传感器的优越性：

（1）良好的绝缘性，造价低，体积小；

（2）不含铁芯，消除了磁饱和、铁磁谐振等问题；

（3）测量精度高；频率范围宽；

（4）抗干扰能力强等。

本章总结

1．了解微型机继电保护的发展过程。

2．掌握微型机继电保护的基本构成框图，了解微机保护装置硬件电路由哪五个功能单位构成（即数据采集系统、微型机系统、开关量输入/输出电路、工作电源、人机对话微型机系统）。

3．与常规模拟式继电保护相比，微型机继电保护具有哪些特点？

第十章
典型实验实训项目
（配套：DJZ-III型电气控制与继电保护试验台）

一、试验台的特点及其应用

1. 试验台的主要特点

DJZ-III型电气控制与继电保护试验台是专为熟悉各种继电器特性实验，变压器常规和微机差动保护实验，模拟线路电流电压常规保护和微机保护实验以及常规距离保护和微机距离保护实验设计的装置，试验台上设有各种常规电磁式继电器和线路模型、变压器和微机型继电保护装置等。试验台的主要特点有：

（1）试验台上装有漏电保护，确保实验进程安全。

（2）试验台配置齐全，既有常规的各种电磁式继电器、常规和微机的电流电压保护和距离保护又有线路模型，还可以完成常规和微机的变压器差动保护。学生可以自行设置短路点，真实模拟线路故障情况，学生还可以自行设计保护接线，提高动手能力和分析能力。

（3）试验台的微机保护含有电流、电压保护，阻抗保护，变压器差动保护三种功能，可以分别做三种保护实验。

（4）试验台的微机保护，具有良好的自诊断功能、事故记录和事件顺序记录功能。能显示各种信息，调试方便，有利于教学活动。

（5）试验台的微机保护可以进行现场手动跳、合闸操作，当配置上位机和有关软件包时，可实现遥测、遥信和遥控功能，可远程监测和修改下位机的整定值设置。（此功能作为附加功能，要求实现此功能必须在产品订货合同里加以注明。）

装置外形图见如10-1所示。一次系统图如图10-2所示。面板布置图如图10-3所示。

图 10-1 DJZ-IIIC 电气控制与继电保护试验台外形图

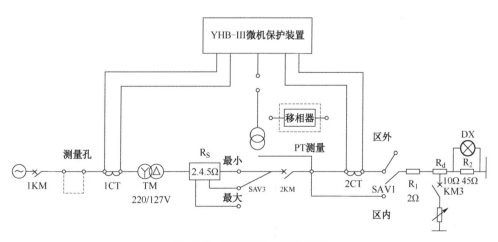

图 10-2 DJZ-IIIC 一次系统图

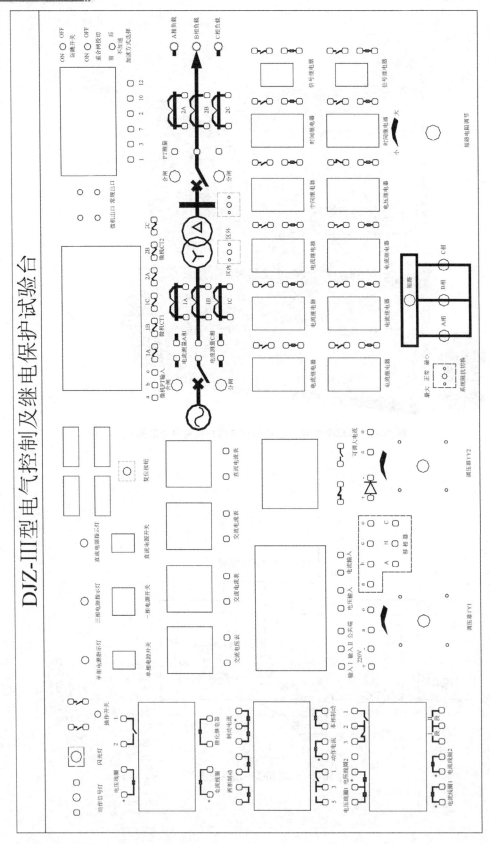

DJZ-III型电气控制及继电保护试验台

图 10-3　DJZ-IIIC 型试验台面板布置图

2. 试验台面板布置

本试验台涉及到的部分设备，其符号代号及作用定义如下：

DX1	动作信号
DX2	闪光灯
DX3	单相电源指示灯
DX4	三相电源指示灯
DX5	直流电源指示灯
DX6	手动合闸光字牌
DX7	手动分闸光字牌
DX8	故障动作光字牌
DX9	重合闸动作光字牌
DX10	模拟断路器 2KM 合闸信号灯
DX11	模拟断路器 2KM 分闸信号灯
DX12	模拟线路 A 相负载指示灯
DX13	模拟线路 B 相负载指示灯
DX14	模拟线路 C 相负载指示灯
BK	操作开关
DK	单相电源开关
SK	三相电源开关
ZK	直流电源开关
FTK	防跳开关
CHK	重合开关
JSK	加速方式选择开关（有前加速，不加速，后加速）
GLJ	功率方向继电器
CDJ	差动继电器
ZKJ	方向阻抗继电器
FDJ	负序电压继电器
CHJ	电磁式三相一次重合闸继电器
KA	电流继电器
KV	电压继电器
KT	时间继电器
KS	信号继电器
KM	中间继电器
GC1	交流 220V 电源（单相调压器 TY1）输出接线柱（a，o）
GC2	三相交流电源输出接线柱（a，b，c，o）
GC3	直流 220V 电源输出接线柱（＋，－）
GC4	交流 220V 电源（单相调压器 TY2）输出接线柱（a，o）
GC5	移相器输出接线柱（A，B，C）
GC6	电流、电压量测试孔

GC7	1CT 二次侧测试孔
GC8	PT 测试孔
GC9	2CT 二次侧测试孔
LP1	微机保护出口投退连接片
LP2	常规保护出口投退连接片
1SK	模拟断路器 1KM 的合闸按钮
1SKP	模拟断路器 1KM 的分闸按钮
2SK	模拟短路开关

SA、SB、SC 分别是 A、B、C 三相模拟短路选择开关

SAV1　模拟变压器差动保护区内、区外故障转换开关，设有"区内""区外""线路"三个选择挡

SAV2　手动跳合闸及信号控制开关，设有"合闸""分闸"两挡，中间为自恢位点

SAV3　模拟系统阻抗切换开关，设有"最大""正常""最小"三个选择挡

1KM、2KM	分别为线路段两个模拟断路器
3KM	故障模拟断路器
R_d	线路段三相模拟电阻，阻值分别为每相 10Ω
R_1	限流电阻，阻值为每相 2Ω
R_s	系统模拟阻抗，$R_{s.min}=2\Omega$，$R_{s.n}=4\Omega$，$R_{s.max}=5\Omega$
TY	三相自耦调压器
YX	移相器

3. 试验台的应用

DJZ-IIIC 型电气控制与继电保护试验台是武汉华工大电力自动技术研究所针对《电力工程》《继电保护》《电气工程》等课程中有关继电保护的基础教学内容而设计的，试验台上安装有各种电磁式的继电器，如电流继电器、电压继电器、中间继电器、信号继电器、差动继电器、功率继电器、方向阻抗继电器、负序电压继电器、三相一次重合闸、线路模型、变压器和微机保护装置等。学生可以做单个继电器的特性试验；可以采用积木式办法，将继电器组合起来做整组实验；也可以利用变压器做常规、微机变压器差动保护；还可以利用线路模型做常规和微机的电流、电压保护及距离保护实验；同时提供了学生自己组合设计试验的平台。

DJZ-IIIC 型电气控制与继电保护试验台除了装有常规的继电器外还装有测量时间相位用的多功能表及移相器、调压器等设备，由这些设备可组成一个完整系统，学生使用起来极为方便。试验台所提供的硬件平台还可作为本科生课程设计、毕业设计和生产实习等项目的基础平台。

本试验台可完成下列类型的实验：

①模拟系统正常、最小、最大运行方式实验；

②模拟系统短路运行方式实验；

③学习和设计完成变电站电流保护的接线；

④保护装置的动作电流校验和动作电压校验实验；

⑤模拟系统短路保护动作实验；

⑥低电压闭锁电流保护装置的动作实验；

⑦保护装置的动作时间整定实验；

⑧电流速断保护灵敏度检查实验；

⑨低电压闭锁速断保护灵敏度检查实验；

⑩复合电压过流保护实验；

⑪保护动作时间配合实验；

⑫微机线路保护（包括线路电流电压保护和阻抗保护）实验；

⑬运行方式对保护灵敏度影响实验；

⑭常规保护配合实验；

⑮常规保护与微机保护配合实验；

⑯电磁式三相一次重合闸和微机重合闸实验；

⑰变压器差动保护实验（包括常规差动保护和微机差动保护）；

⑱遥测、遥信和遥控实验（附加功能）；

⑲远方控制下位机整定值的浏览和修改（附加功能）。

4．试验台使用注意事项

（1）DJZ-ⅢC 型电气控制与继电保护教学试验台的工作电流和工作电压不得超过允许值。实验电流较大时，不得长期工作。

（2）实验前检查所有空开应在断开位置，电源信号灯均熄灭，此时才能接线。

（3）接线过程中密切注视空开位置，以防误操作引起事故。

（4）接线完毕，要由另一人检查线路。

（5）实验中不允许带电改接线路。

（6）实验过程中没有使用的 CT，其二次侧应该短接。

二、电磁型电压、电流继电器的特性实验

1．实验目的

（1）了解继电器基本分类方法及其结构。

（2）熟悉几种常用继电器，如电流继电器、电压继电器、时间继电器、中间继电器、信号继电器等的构成原理。

（3）学会调整、测量电磁型继电器的动作值、返回值和计算返回系数。

（4）测量继电器的基本特性。

（5）学习和设计多种继电器配合实验。

2．继电器的类型与原理

继电器是电力系统常规继电保护的主要元件，它的种类繁多，原理与作用各异。

1）继电器的分类

继电器按所反应的物理量的不同可分为电量与非电量两种。属于非电量的有瓦斯继电器、速度继电器等；反应电量的种类比较多，一般分类如下：

（1）按结构原理分为：电磁型、感应型、整流型、晶体管型、微机型等。

（2）按继电器所反应的电量性质可分为：电流继电器、电压继电器、功率继电器、阻抗继电器、频率继电器等。

（3）按继电器的作用分为：启动动作继电器、中间继电器、时间继电器、信号继电器等。

近年来电力系统中已大量使用微机保护，整流型和晶体管型继电器以及感应型、电磁型继电器使用量已有减少。

2）电磁型继电器的构成原理

继电保护中常用的有电流继电器、电压继电器、中间继电器、信号继电器、阻抗继电器、功率方向继电器、差动继电器等。

（1）电磁型电流继电器

电磁型继电器的典型代表是电磁型电流继电器，它既是实现电流保护的基本元件，也是反应故障电流增大而自动动作的一种电器。

（2）电磁型电压继电器

（3）时间继电器特性

时间继电器用来在继电保护和自动装置中建立所需要的延时。对时间继电器的要求是时间的准确性，而且动作时间不应随操作电压在运行中可能的波动而改变。

电磁型时间继电器由电磁机构带动一钟表延时机构组成。电磁启动机构采用螺管线圈式结构，线圈可由直流或交流电源供电，但大多由直流电源供电。

其电磁机构与电压继电器相同，区别在于：当它的线圈通电后，其触点须经一定延时才动作，而且加在其线圈上的电压总是时间继电器的额定动作电压。

时间继电器的电磁系统不要求很高的返回系数。因为继电器的返回是由保护装置启动机构将其线圈上的电压全部撤除来完成的。

（4）中间继电器特性

中间继电器的作用是：在继电保护接线中，用以增加触点数量和触点容量，实现必要的延时，以适应保护装置的需要。

它实质上是一种电压继电器，但它的触点数量多且容量大。为保证在操作电源电压降低时中间继电器仍能可靠地动作，因此中间继电器的可靠动作电压只要达到额定电压的70%即可，瞬动式中间继电器的固有动作时间不应大于0.05s。

5）信号继电器特性

信号继电器在保护装置中，作为整组装置或个别元件的动作指示器。按电磁原理构成的信号继电器，当线圈通电时，衔铁被吸引，信号掉牌（指示灯亮）且触点闭合。失去电源时，有的需手动复归，有的电动复归。信号继电器有电压启动和电流启动两种。

3．实验内容

1）电流继电器特性实验

电流继电器动作、返回电流值测试实验。

实验电路原理图如图10-4所示。虚线框为台体内部接线。

实验步骤如下：

（1）按图10-4所示接线，将电流继电器的动作值整定为1.2A，使调压器输出指示为0V，滑线电阻的滑动触头放在中间位置。

（2）检查线路无误后，先合上三相电源开关（对应指示灯亮），再合上单相电源开关和直流电源开关。

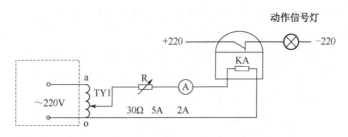

图 10-4　电流继电器动作电流值测试实验原理图

（3）慢慢调节调压器使电流表读数缓慢升高，记下继电器刚动作（动作信号灯 XD1 亮）时的最小电流值，即为动作值。

（4）继电器动作后，再调节调压器使电流值平滑下降，记下继电器返回时（指示灯 XD1 灭）的最大电流值，即为返回值。

（5）重复步骤（2）～（4），测三组数据，填入表 10-1 中。

表 10-1　电流继电器动作值、返回值测试实验数据记录表

	动作值/A	返回值/A	
1	1.21	1.12	
2	1.19	1.12	
3	1.19	1.12	
平均值	1.197	1.12	
误差	0.8%	整定值 I_{zd}	1.2
变差	1.6%	返回系数	0.93

（6）实验完成后，使调压器输出为 0V，断开所有电源开关。

（7）分别计算动作值和返回值的平均值，即为电流继电器的动作电流值和返回电流值。

（8）计算整定值的误差、变差及返回系数。

$$误差=[动作最小值-整定值] / 整定值$$

$$变差=[动作最大值-动作最小值]/动作平均值×100\%$$

$$返回系数=返回平均值/动作平均值$$

2）电流继电器动作时间测试实验

电流继电器动作时间测试实验原理图如图 10-5 所示。

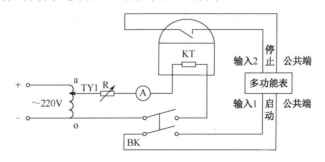

图 10-5　电流继电器动作时间测试实验电路原理图

实验步骤如下：

（1）按图 10-5 所示接线，将电流继电器的常开触点接在多功能表的"输入 2"和"公共端"，将开关 BK 的一条支路接在多功能表的"输入 1"和"公共端"，使调压器输出为 0V，将电流继电器动作值整定为 1.2A，滑线电阻的滑动触头置于其中间位置。

（2）检查线路无误后，先合上三相电源开关，再合上单相电源开关。

（3）打开多功能表电源开关，使用其时间测量功能（对应"时间"指示灯亮），工作方式选择开关置"连续"位置，按"清零"按钮使多功能表显示清零。

（4）合上操作开关 BK，慢慢调节调压器使其输出电压匀速升高，使加入继电器的电流为 1.2A。

（5）先拉开操作开关（BK），按"清零"按钮清零多功能表，使其显示为零，然后再迅速合上 BK，多功能表显示的时间即为动作时间，将时间测量值记录于表 10-2 中。

（6）重复步骤（5）的过程，测三组数据，计算平均值，结果填入表 10-2 中。

（7）先重复步骤（4），使加入继电器的电流分别为 1.4A、1.6A，再重复步骤（5）和（6），测量此种情况下的继电器动作时间，将实验结果记录于表 10-2。

（8）实验完成后，使调压器输出电压为 0V，断开所有电源开关。

（9）分析四种电流情况时读数是否相同，为什么？

表 10-2　电流继电器动作时间测试实验数据记录表

I	1.2A				1.4A				1.6A			
	1	2	3	平均	1	2	3	平均	1	2	3	平均
T/ms	148	165	147	153	100	102	95	99	70	53	70	64

3）电压继电器特性实验

电压继电器动作、返回电压值测试实验（以低电压继电器为例）。

低电压继电器动作值测试实验电路原理图如图 10-6 所示。

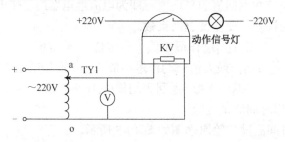

图 10-6　低电压继电器动作值测试实验电路原理图

实验步骤 10-6 所示如下：

（1）按图 10-6 接线，检查线路无误后，将低电压继电器的动作值整定为 36V，使调压器的输出电压为 0V，合上三相电源开关、单相电源开关及直流电源开关（对应指示灯亮），这时动作信号灯 XD1 亮。

（2）调节调压器输出，使其电压从 0V 慢慢升高，直至低电压继电器常闭触点打开（XD1 熄灭）。

（3）调节调压器使其电压缓慢降低，记下继电器刚动作（动作信号灯 XD1 刚亮）时的最大电压值，即为动作值，将数据记录于表 10-3 中。

表 10-3　低电压继电器动作值、返回值测试实验数据记录表

	动作值/V	返回值/V	
1	36.1	41.3	
2	35.7	41.4	
3	35.7	41.3	
平均值	35.8	41.3	
误差	0.8%	整定值 U_{set}	36
变差	0.2%	返回系数	1.15

（4）继电器动作后，再慢慢调节调压器使其输出电压平滑地升高，记下继电器常闭触点刚打开，XD1 刚熄灭时的最小电压值，即为继电器的返回值。

（5）重复步骤（3）和（4），测三组数据。分别计算动作值和返回值的平均值，即为低电压继电器的动作值和返回值。

（6）实验完成后，将调压器输出调为 0V，断开所有电源开关。

（7）计算整定值的误差、变差及返回系数。

4）时间继电器特性测试实验

时间继电器特性测试实验电路原理接线图如图 10-7 所示。

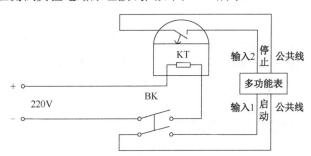

图 10-7　时间继电器动作时间测试实验电路原理图

实验步骤如下：

（1）按图 10-7 所示接线，将时间继电器的常开触点接在多功能表的"输入 2"和"公共线"，将开关 BK 的一条支路接在多功能表的"输入 1"和"公共线"，调整时间整定值，将静触点时间整定指针对准一刻度中心位置，如可对准 2s 位置。

（2）合上三相电源开关，打开多功能表电源开关，使用其时间测量功能（对应"时间"指示灯亮），使多功能表时间测量工作方式选择开关置"连续"位置，按"清零"按钮使多功能表显示清零。

（3）先断开 BK 开关，合上直流电源开关，再迅速合上 BK，采用迅速加压的方法测量动作时间。

（4）重复步骤（2）和（3），测量三次，将测量时间值记录于表 10-4 中，且第一次动作时间测量不计入测量结果中。

表 10-4　时间继电器动作时间测试

	整定值	1	2	3	平均	误差	变差
T/ms	5000	4911	4902	4916	4909	1.7%	0.3%

（5）实验完成后，断开所有电源开关。

（6）计算动作时间误差。

5）多种继电器配合实验

（1）过电流保护实验

该实验内容为将电流继电器、时间继电器、信号继电器、中间继电器、调压器、滑线变阻器等组合构成一个过电流保护。要求当电流继电器动作后，启动时间继电器延时，经过一定时间后，启动信号继电器发信号和中间继电器动作跳闸（指示灯亮）。

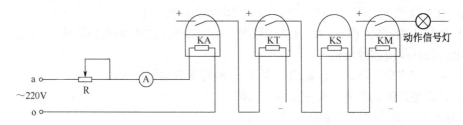

图 10-8　过电流保护实验原理接线图

实验步骤如下：

①如图 10-8 所示为多个继电器配合的过电流保护实验原理接线图。

②按图接线，将滑线变阻器的滑动触头放置在中间位置，实验开始后可以通过改变滑线变阻器的阻值来改变流入继电器电流的大小。将电流继电器动作值整定为 2A，时间继电器动作值整定为 3s。

③经检查无误后，依次合上三相电源开关、单相电源开关和直流电源开关（各电源对应指示灯均亮）。

④调节单相调压器输出电压，逐步增加电流，当电流表电流约为 1.8A 时，停止调节单相调压器，改为慢慢调节滑线电阻的滑动触头位置，使电流表数值增大直至电流继电器动作。仔细观察各种继电器的动作关系。

⑤调节滑线变压器的滑动触头，逐步减小电流，直至信号指示灯熄灭。仔细观察各种继电器的返回关系。

⑥实验结束后，将调压器调回零，断开直流电源开关，最后断开单相电源开关和三相电源开关。

（2）低电压闭锁的过电流保护实验

过电流保护按躲开可能出现的最大负荷电流整定，启动值比较大，往往不能满足灵敏度的要求。为此，可以采用低电压启动的过电流保护，以提高保护的灵敏度。

实验步骤如下：

①如图 10-9 所示为多个继电器配合的低电压闭锁过流保护实验原理接线图。

②按图接线，试验台上单相调压器 TY1 输出端的接法与上一实验电流回路接法相同，单相调压器 TY2 的输出端 a、o 接到电压继电器的线圈端子上，同时并上一块交流电压表。整

定电流继电器为1.2A，电压继电器为36V（也可以在量程中0～60中任意选择）。

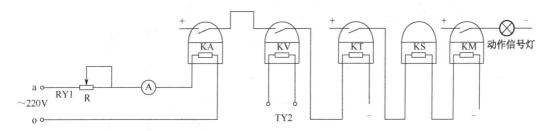

图10-9 低电压闭锁过流保护实验原理接线图

③经检查无误后，依次合上三相电源开关、单相电源开关和直流电源开关（各电源对应指示灯均亮）。

④先调TY2，使电压表读数为60V；再调TY1，逐步增加电流，使电流表读数为表10-5中的给定值，然后调TY2减小调压器的输出电压至表10-5中的给定值。观察各种继电器的动作关系，对信号指示灯在给出的电压、电流值下亮、灭情况进行分析。也可自行设定电压、电流值进行实验。

⑤实验完毕后，注意将调压器调回零，断开直流电源开关，最后断开单相电源开关和三相电源开关。

表10-5 低电压闭锁过流保护实验数据记录表

I/A	U/V	动作信号灯亮熄情况
0.5	50	熄
1.5	40	熄
1.5	20	亮

4．思考题

（1）电磁型电流继电器、电压继电器和时间继电器在结构上有什么异同点？

（2）如何调整电流继电器、电压继电器的返回系数？

（3）电磁型电流继电器的动作电流与哪些因素有关？

（4）过电压继电器和低电压继电器有何区别？

（5）在时间继电器的测试中为何整定后第一次测量的动作时间不计？

（6）为什么电流继电器在同一整定值下对应不同的动作电流？有不同的动作时间？

三、常规电流保护接线方式练习

电流保护常用的接线方式有完全星形接线、不完全星形接线和在中性线上接入电流继电器的不完全星形接线三种，如图10-10所示。

电流保护一般采用三段式结构，即电流速断（Ⅰ段）、限时电流速断（Ⅱ段）、定时限过电流（Ⅲ段）。但有些情况下，也可以只采用两段式结构，即Ⅰ段（或Ⅱ段）作主保护，Ⅲ段作后备保护。如图10-10所示为几种接线方法，供接线时参考。

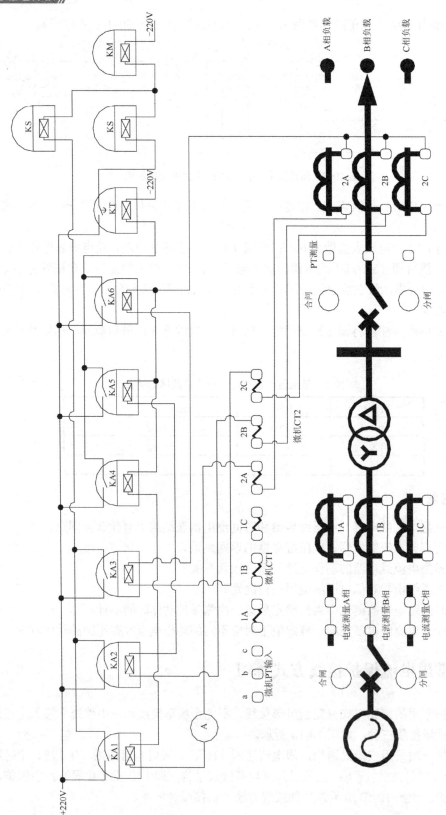

（a）完全星形两段式接线图

图 10-10　电流保护常用的几种接线

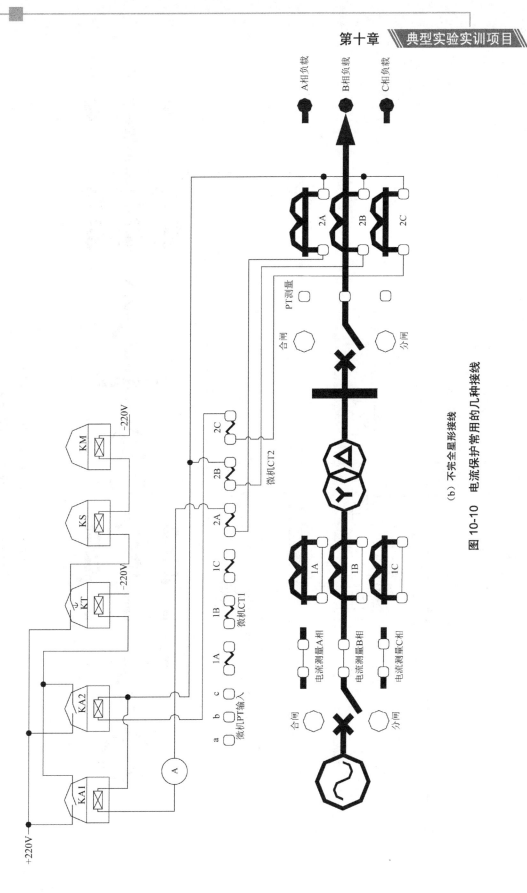

（b）不完全星形接线

图 10-10　电流保护常用的几种接线

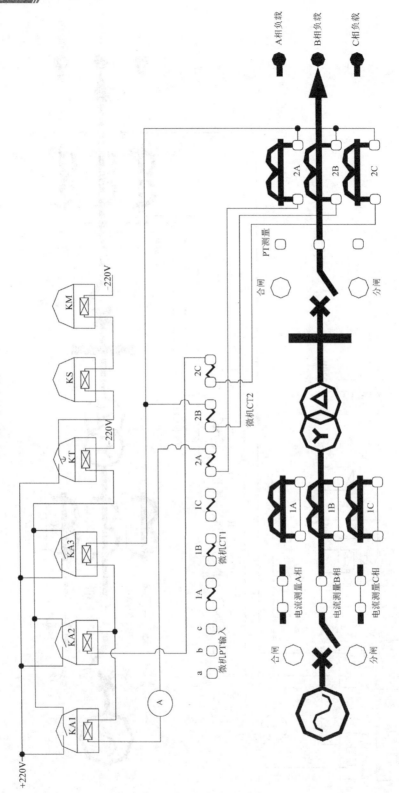

（c）在中性线上接入电流继电器的不完全星形接线

图 10-10　电流保护常用的几种接线

四、用 LCD-4 差动继电器实现变压器内部故障差动保护实验

使用 LCD-4 差动继电器实现变压器差动保护实验原理接线图如图 10-11 所示，实验步骤如下：

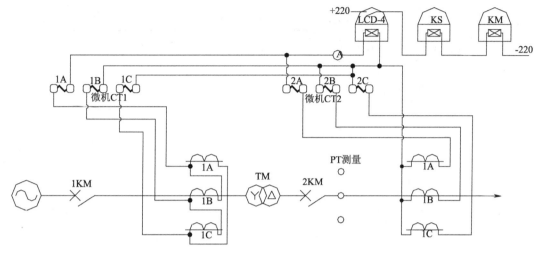

图 10-11　LCD-4 差动继电器实现变压器差动保护实验原理接线图

（1）按图 10-11 所示完成实验接线。由于试验台上只设有一个差动继电器，故将差动继电器接在 A 相回路中，其他两相直接短接。微机保护装置的 CT 接入是利用微机装置测量其二次侧的电流幅值大小。

（2）将差动继电器的动作值整定为 2A，将系统阻抗切换开关 SAV3 置于"正常"位置，将故障转换开关 SAV1 置于"区内"位置。

（3）合上三相电源开关和直流电源开关，合上模拟断路器 1KM、2KM。

（4）合上微机保护装置电源开关，修改其整定值，退出所有保护功能。

（5）在 PT 测量处并接一个交流电压表，调节调压器使变压器副方输出电压从 0V 慢慢上升到 50V。

（6）从微机装置上记录变压器两侧 CT 二次侧测量电流幅值的大小，由于变压器实验时，只要故障转换开关 SAV1 置于"区内"位置，则从硬件电路上将变压器副方 CT 一次回路短接了，因此这时变压器副方 CT 二次侧测量电流幅值基本为 0A。

（7）将短路电阻滑动头调至 50%处。

（8）合上短路模拟开关 SA、SB。

（9）合上短路操作开关 3KM，模拟系统发生两相短路故障，此时负荷灯全熄，模拟断路器 1KM、2KM 断开，将有关实验数据记录在表 10-6 中。

（10）断开短路操作开关 3KM，合上 1KM、2KM 恢复无故障运行。

（11）改变步骤（7）中短路电阻的大小，如取值分别为 8Ω 或 10Ω，或步骤（8）中短路模拟开关的组合，重复步骤（9）和（10），将实验结果记录于表 10-6 中。

表 10-6 差动继电器变压器内部故障实验数据记录表

方　式	参　数 项　目	短路电阻/Ω		
		5	8	10
三相短路	表计显示值 差流	2.53	2.05	1.79

（12）实验完成后，使调压器输出电压为 0V，断开所有电源开关。

参 考 文 献

[1] 林玉岐. 工厂供电技术. 北京：化学工业出版社. 2003
[2] 刘介才. 使用供配电技术手册. 北京：中国水利水电出版社. 2002
[3] 李 俊. 供用电网络与设备. 北京：中国电力出版社. 2001
[4] 王维俭. 电力系统继电保护基本原理. 北京：清华大学出版社. 1992
[5] 王瑞敏. 电力系统继电保护. 北京：科学技术出版社. 1994
[6] 张保会. 电力系统继电保护. 北京：中国电力出版社. 2010
[7] 姚春球. 发电厂电气部分（第二版）. 北京：中国电力出版社. 2007
[8] 刘增良. 电气设备运行与维护. 北京：中国电力出版社. 2004

反侵权盗版声明

电子工业出版社依法对本作品享有专有出版权。任何未经权利人书面许可，复制、销售或通过信息网络传播本作品的行为；歪曲、篡改、剽窃本作品的行为，均违反《中华人民共和国著作权法》，其行为人应承担相应的民事责任和行政责任，构成犯罪的，将被依法追究刑事责任。

为了维护市场秩序，保护权利人的合法权益，我社将依法查处和打击侵权盗版的单位和个人。欢迎社会各界人士积极举报侵权盗版行为，本社将奖励举报有功人员，并保证举报人的信息不被泄露。

举报电话：（010）88254396；（010）88258888

传　　真：（010）88254397

E-mail：　dbqq@phei.com.cn

通信地址：北京市万寿路 173 信箱

　　　　　电子工业出版社总编办公室

邮　　编：100036